荣获：中南五省（区）优秀科技图书二等奖

农作物病虫害简易测报与防治

（第二版）

主　编：向子钧　王盛桥
副主编：徐荣钦　王利兵　张求东　周国珍
编著人员（以姓氏笔画为序）：

　　　　马学林　王盛桥　王柏清　王利兵
　　　　王家刚　邓春华　汤少云　向子钧
　　　　刘美刚　李大勇　李明福　李迎征
　　　　李维群　李　敏　张仁年　张求东
　　　　张经伦　张祥龙　杨建国　杨小红
　　　　段克斌　周国珍　洪海林　姜存元
　　　　徐荣钦　聂家云　谢支勇　程九梅
绘　图：彭　芳　彭　侃

武汉大学出版社

图书在版编目(CIP)数据

农作物病虫害简易测报与防治(第二版)/向子钧,王盛桥主编.
—武汉:武汉大学出版社,2009.4
ISBN 978-7-307-06943-5

Ⅰ.农… Ⅱ.①向… ②王… Ⅲ.作物—病虫害防治方法
Ⅳ.S435

中国版本图书馆 CIP 数据核字(2009)第 038345 号

责任编辑:叶玲利　王春阁　　责任校对:王　建　　版式设计:支　笛

出版发行:武汉大学出版社　(430072　武昌　珞珈山)
　　　　　(电子邮件:cbs22@whu.edu.cn　网址:www.wdp.whu.edu.cn)
印刷:通山金地印务有限公司
开本:880×1230　1/32　印张:7.25　字数:201 千字　插页:1
版次:2009 年 4 月第 1 版　　2009 年 4 月第 1 次印刷
ISBN 978-7-307-06943-5/S·36　　　　定价:18.00 元

版权所有,不得翻印;凡购买我社的图书,如有缺页、倒页、脱页等质量问题,请与当地图书销售部门联系调换。

第二版前言

《农作物病虫害简易测报与防治》一书,初版于1990年,第一次印刷1万册,后来又重印数次,作为科普读物,一直销量很好。承蒙出版界和广大读者厚爱,本书曾荣获中南五省(区)优秀科技图书二等奖。

作者这次修订本书有三个原因:一是此书出版发行多年,农作物病虫害预测预报方法和防治措施都在发生变化,书中相关内容也需相应改进;二是随着化学工业的发展,农药品种结构发生了较大变化,大量高效、低毒、低用量的农药新品种不断涌现,这些新农药在修订时需添加到书中,同时,也要淘汰部分老农药品种;三是当前改革乡镇农业技术推广体系,乡镇财政"由养人变成养事",乡镇农技推广组织已不复存在,广大农村亟待普及简便易行的农业技术。这次修订,我们力求内容科学丰富,技术简便实用,容易操作,便于推广,故将原书中病虫害实物插图改成了漫画。

武汉大学出版社从支持"三农"出发,社领导非常重视,特意将本书列入出版计划。武汉大学城市设计学院彭芳老师和自由设计师彭侃在工作之余,挤时间绘制出几十幅幽默诙谐的漫画,替换了初版时的病虫插图,使本书图文并茂,增加了可读性与趣味性。在此,谨向他们一并致以衷心的感谢。

限于编著人员的水平,本书修订后仍难免有缺点和错误,在此恳切地希望广大读者多提宝贵意见,以便继续修订,不断提高本书的质量，使本书在农作物病虫害预测、预报和防治方面，在农业科学技术普及方面，都能发挥应有的作用，进一步为社会主义新农村建设服务。

编著者

2009 年 3 月

前　言

当前，我国农村正在由传统农业向现代农业转化，广大农民越来越认识到掌握科学技术的重要性，一个学科学、用科学的热潮正在农村蓬勃兴起，对植保工作也提出了新的要求。为了适应基层农技干部和广大群众学习病虫测报与防治技术的迫切需要，我们特编写《农作物病虫害简易测报与防治》一书。

本书主要介绍有关作物病虫害测报与防治的实用知识和技能，以农技推广人员为主要读者对象。内容包括水稻、小麦、旱粮、薯类、棉花和油料作物的病虫及地下害虫等6类共109种病虫。对每种主要病虫，都尽量从生产实际需要出发，简明扼要地介绍如何识别病害症状与虫害特征，怎样掌握病虫发生规律、测报办法和防治措施等，并对68种主要病虫害附有插图，使读者易学易懂，容易照着去做；同时还介绍了有关植保知识，如病害的类型、虫害的分布、测报与防治的基本原则与办法等，供读者在实践中参考。

在编写过程中，得到湖北科学技术出版社和本单位的大力支持，《科技进步与对策》杂志社陈宏愚副主编给予热情关怀和帮助，湖北省植保总站罗先艾同志绘制插图，谨此一并致以衷心的感谢。

由于作者水平所限，编写时间仓促，加之许多测报办法还处在初步认识和探索之中，需要在实践中逐步改进和提高。因此，对书中的缺点和谬误之处，诚望读者批评指正，以便修订补充，使之趋于完善。

编著者
1990年4月于武昌南湖

目　　录

第一章　病虫害的基本知识 …………………………… 1
一、农作物病害 ……………………………………… 1
（一）什么是农作物病害 …………………………… 1
（二）农作物病害的症状 …………………………… 1
（三）农作物病害的类型 …………………………… 3
（四）农作物致病的原因 …………………………… 4
二、农作物害虫 ……………………………………… 7
（一）分清害虫和益虫 ……………………………… 7
（二）害虫一生的演变 ……………………………… 8
（三）害虫的世代和生活史 ………………………… 10
（四）害虫的习性 …………………………………… 10
三、测报和防治的基本原则和方法 ………………… 12
（一）测报和防治的基本原则 ……………………… 12
（二）测报的基本类型和方法 ……………………… 12
（三）防治病虫害的基本方法 ……………………… 17

第二章　水稻病虫害 …………………………………… 22
一、稻瘟病 ……………………………………………… 22
二、稻白叶枯病 ………………………………………… 24
三、水稻纹枯病 ………………………………………… 28
四、水稻烂秧病 ………………………………………… 30
五、水稻恶苗病 ………………………………………… 32
六、水稻胡麻叶斑病 …………………………………… 34

七、水稻霜霉病 ……………………………………… 34
八、水稻叶黑粉病 …………………………………… 36
九、水稻紫秆病 ……………………………………… 37
十、水稻病毒病 ……………………………………… 38
十一、水稻干尖线虫病 ……………………………… 40
十二、水稻菌核病 …………………………………… 42
十三、稻叶鞘腐败病 ………………………………… 43
十四、稻曲病 ………………………………………… 43
十五、稻粒黑粉病 …………………………………… 45
十六、稻云形病 ……………………………………… 47
十七、稻赤枯病 ……………………………………… 48
十八、水稻其他病害 ………………………………… 49
十九、三化螟 ………………………………………… 51
二十、二化螟 ………………………………………… 54
二十一、大螟 ………………………………………… 57
二十二、稻纵卷叶螟 ………………………………… 59
二十三、稻褐飞虱 …………………………………… 60
二十四、稻白背飞虱 ………………………………… 63
二十五、稻叶蝉 ……………………………………… 65
二十六、稻秆潜蝇 …………………………………… 67
二十七、稻蓟马 ……………………………………… 68
二十八、稻苞虫 ……………………………………… 71
二十九、稻象鼻虫 …………………………………… 73
三十、稻螟蛉 ………………………………………… 75
三十一、稻铁甲虫 …………………………………… 76
三十二、稻蝗 ………………………………………… 78
三十三、水稻其他虫害 ……………………………… 80

第三章 小麦病虫害 ………………………………… 85
一、小麦锈病 ………………………………………… 85

目　录

二、小麦白粉病 …………………………………… 88
三、小麦赤霉病 …………………………………… 90
四、小麦纹枯病 …………………………………… 92
五、小麦根腐病 …………………………………… 93
六、小麦散黑穗病 ………………………………… 95
七、小麦腥黑穗病 ………………………………… 97
八、小麦线虫病 …………………………………… 98
九、小麦叶枯病 …………………………………… 100
十、小麦秆枯病 …………………………………… 101
十一、小麦颖枯病 ………………………………… 102
十二、小麦秆黑粉病 ……………………………… 102
十三、小麦全蚀病 ………………………………… 103
十四、小麦霜霉病 ………………………………… 104
十五、麦蚜 ………………………………………… 106
十六、黏虫 ………………………………………… 107
十七、麦蜘蛛 ……………………………………… 110
十八、小麦吸浆虫 ………………………………… 111
十九、小麦其他病虫害 …………………………… 113

第四章　旱粮（玉米、高粱、谷子、蚕豆）病虫害 …… 116

一、玉米丝黑穗病 ………………………………… 116
二、玉米大、小斑病 ……………………………… 118
三、玉米黑粉病 …………………………………… 119
四、玉米螟 ………………………………………… 120
五、高粱黑穗病 …………………………………… 122
六、高粱蚜虫 ……………………………………… 124
七、谷子白发病 …………………………………… 125
八、粟灰螟 ………………………………………… 126
九、蚕豆赤斑病 …………………………………… 128

十、蚕豆锈病……………………………………………… 129

　十一、蚕豆褐斑病……………………………………… 130

　十二、蚕豆蚜…………………………………………… 131

　十三、蚕豆象…………………………………………… 132

　十四、旱粮其他病虫害………………………………… 134

第五章　薯类病虫害………………………………………… 137

　一、马铃薯早疫病……………………………………… 137

　二、马铃薯晚疫病……………………………………… 138

　三、马铃薯软腐病……………………………………… 140

　四、马铃薯环腐病……………………………………… 141

　五、马铃薯青枯病……………………………………… 142

　六、马铃薯粉痂病……………………………………… 143

　七、马铃薯二十八星瓢虫……………………………… 144

　八、甘薯黑疤病………………………………………… 146

　九、甘薯瘟病…………………………………………… 148

　十、甘薯叶蜱…………………………………………… 149

　十一、薯类其他病虫害………………………………… 151

第六章　棉花病虫害………………………………………… 158

　一、棉花苗期病害……………………………………… 158

　二、棉花铃期病害……………………………………… 160

　三、棉花枯萎病………………………………………… 161

　四、棉花黄萎病………………………………………… 162

　五、棉花茎枯病………………………………………… 164

　六、棉花角斑病………………………………………… 165

　七、棉蚜………………………………………………… 166

　八、棉红蜘蛛…………………………………………… 168

　九、棉红铃虫…………………………………………… 170

  十、棉铃虫 ……………………………………………………… 172
  十一、棉盲蝽象 ………………………………………………… 173
  十二、棉金刚钻 ………………………………………………… 175
  十三、棉蓟马 …………………………………………………… 177
  十四、棉叶蝉 …………………………………………………… 179
  十五、棉花其他病虫害 ………………………………………… 180

第七章　油料作物（油菜、大豆、花生、芝麻）病虫害 …… 183
  一、油菜菌核病 ………………………………………………… 183
  二、油菜霜霉病 ………………………………………………… 184
  三、油菜白锈病 ………………………………………………… 186
  四、油菜蚜虫与病毒病 ………………………………………… 187
  五、大豆花叶病 ………………………………………………… 189
  六、大豆霜霉病 ………………………………………………… 190
  七、大豆菟丝子 ………………………………………………… 191
  八、大豆食心虫 ………………………………………………… 192
  九、花生青枯病 ………………………………………………… 194
  十、花生黑霉病 ………………………………………………… 196
  十一、花生根结线虫病 ………………………………………… 196
  十二、芝麻枯萎病 ……………………………………………… 197
  十三、芝麻青枯病 ……………………………………………… 198

第八章　地下害虫 …………………………………………… 200
  一、小地老虎 …………………………………………………… 200
  二、蝼蛄 ………………………………………………………… 202
  三、蛴螬 ………………………………………………………… 203
  四、金针虫 ……………………………………………………… 205

附录1　湖北省主要农作物病虫防治月历表 ……………… 208

附录2　病虫害调查的公式 …………………………… 213
附录3　害虫发育进度百分比查对表 ………………… 215
附录4　农药稀释折算表 ……………………………… 221
附录5　有关计量单位换算表 ………………………… 222

第一章 病虫害的基本知识

一、农作物病害

(一) 什么是农作物病害

在田地里,我们经常看到一些庄稼的叶片上长出斑点,有的变色枯黄,严重时枯焦脱落;有的植株枯萎,很快枯死;有的果实腐烂;有的生长矮小等不正常现象,这就是作物生了病。由于作物生长的环境条件不适宜,超过了其本身的适应限度,或者遭受到病原生物的侵害,使植物生理机能受到干扰,组织被破坏,作物不仅不能正常生长发育,而且品质变劣,产量降低,严重时甚至整株枯死,这种现象就称为病害。

病害与伤害不同,伤害(包括机械、暴风雨、昆虫和其他动物造成的损伤)都是明显的外伤,没有病变过程,所以不能称为病害。病害具有一定的病理变化过程,并在作物外部形态上表现出特定的症状。如水稻疫霉病菌侵入秧苗叶片后,开始出现黄白色圆形小斑点,尔后迅速发展成灰绿色水渍状不规则条斑,严重时,病斑扩大或相互愈合,病叶纵卷或倒折。湿度大时,病斑上形成白色稀疏的霉层。这就是疫霉病菌从侵入到出现症状的一般病变过程。

(二) 农作物病害的症状

作物感病以后的识别,主要是通过植株的外形出现的反常状态。这种反常现象统称为症状。它包括病状和病征两部分。

图1　在田地里,我们经常看到一些庄稼的叶片上长出斑点

1. 病状　病状是指作物生病后,其本身所表现的不正常病态特征。常见的有下列几种类型:

（1）变色：变色主要表现在叶片的失绿。有的叶片呈现绿色浓淡不均匀,黄绿相间成为花叶；有的叶绿素形成受到抑制,叶片均匀退绿表现黄化；有的花青素形成过盛使叶片变红或变紫红色。

（2）斑点：这是植物病害中最常见的病状。主要是植株组织或器官病部受到破坏而死亡,以致形成斑点,常在叶、茎、果实等处产生各种形状和颜色的斑点,如稻瘟病、棉角斑病、玉米大、小斑病等。

（3）腐烂：植物组织和细胞受到病原物的破坏和分解引起腐烂的病状,如根腐、茎腐、穗腐和块茎腐烂等；组织坚硬含水分较少的，常导致干腐。

（4）萎蔫：作物茎或根部受到病原物的侵染，病原物及分泌物堵塞导管或者产生毒素，破坏了导管水分的正常运输，使茎叶缺水而萎蔫凋枯，如真菌引起的棉花枯萎病、黄萎病，细菌引起的番茄青枯病。

（5）畸形：作物受病原生物侵染刺激后，局部组织细胞增生变大，或生长发育受到抑制，都可以引起畸形。病部表现为肿大、丛生、矮缩、叶纤细等病状，如由线虫引起的多种作物根结线虫病和水稻普通矮缩病、十字花科蔬菜根肿病等。

2. 病征　病征是指病原生物在植物病部表面所形成的特征，肉眼可见下列一些常见的病征类型：

（1）霉状物：在植物病部产生各种颜色的霉层，常见的有霜霉、绵霉、青霉、黑霉、绿霉、灰霉、赤霉。例如油菜霜霉病、柑橘青霉病、小麦赤霉病等。

（2）粉状物：在病部产生各种颜色的粉状物，常见的有白粉、黑粉和锈粉状物。如小麦白粉病、玉米黑粉病、麦类锈病等。

（3）粒状物：在植物病部产生各种形状不一的颗粒状物。有的像针尖大小的黑色小粒，不易与组织分离，如棉花黑果病、苹果炭疽病；有的易从组织脱落大小不一的褐色或黑色颗粒，如水稻纹枯病、油菜菌核病。

（4）脓胶状物：在植物病部溢出乳白色或淡黄色的混浊脓胶状物，干燥后形成胶粒或胶膜。它是细菌性病害特有的病征，如水稻白叶枯病、棉花角斑病等。

（三）农作物病害的类型

农作物病害由于病原因素的本质差异，可导致两大类病害：

1. 非侵染性病害　是由非生物病原因素引起的病害。这些因素包括不适宜的气候。如温度、雨量、日照、水分供应失调，农药或化肥施用不当以及栽培管理欠佳等。这些条件都是非生命的，不能相互传染，但它能使作物生长发育不良，或降低作物对病菌的抵抗力,诱发传染性病害。一般称之为非侵染性病害或生理病害。例如,作物营养元素缺乏,常表现缺素症,如缺氮使叶片发黄,缺铁表现白化,油菜缺硼则花而不实;作物遇干旱会发生萎蔫;盛夏高温或强日光可导致作物局部灼伤;晚春或初秋突遇寒潮会发生冻害;化肥、农药使用不当,常引起烧苗或叶斑;稻田中的硫化氢,常使水稻根部发黑腐烂等。

2. 侵染性病害 这类病害是由微生物和寄生植物等侵害后引起的,并能传染、蔓延、扩大为害。这些对植物具有寄生和致病能力的生物,称为"病原物"或"寄生物";被病原物寄生的植物称为寄主植物,或简称寄主。侵染性病害种类繁多,危害特别大,我们一般所说的病害大都指这一类,它们是防治的主要对象,也是本书要重点介绍的内容。

(四) 农作物致病的原因

1. 非侵染性病害的病因

(1) 营养不良:作物生长发育需要多种营养。除大量的氮、磷、钾外,还必须有钙、镁、硫、锰等十几种微量元素。如果由于某些元素缺乏或过多,作物就会出现营养不良或失调。如水田缺锌,水稻就会坐蔸;碱性土壤常缺硼,可引起油菜花而不实或苹果缩果病等。

(2) 水分失调:作物离不开水,但水分过多、土壤缺氧易使作物根系窒息、烂根,出现凋萎或枯死;开花期雨水过多,则授粉不好,也会造成大量落花、落果或形成空壳粒。干旱缺水则引起植株叶片枯黄萎蔫,甚至早期落花、落果,品质变劣,产量下降。

(3) 高温灼伤及低温冻害:作物在不同的生长阶段对温度的反应不同,高温使植株发生失水萎蔫,或者被灼烧而导致死亡;温度过低则易造成冻害。

(4) 中毒:作物中毒因空气污染、水域污染、农药或化肥施用不当、施用未腐熟的有机肥料以及未经处理的废渣,产生有毒物质和有毒气体造成。其中由于工厂排出的废气、烟雾引起作物中毒

图 2　碱性土壤缺硼，可引起苹果缩果病

最为严重，危害也最大。作物中毒后，轻者表现生长不良，出现畸形或枝叶枯死，重者整株甚至整块死亡。

2. 侵染性病害的病原

引起植物生病的病原物，主要是真菌，约占病害总数的 80% 以上，其次是细菌、病毒、线虫和寄生性种子植物。

（1）真菌：这是一类庞大的微生物，菌体微小，种类繁多且分布极广，大约有十多万种，其中为害植物的有 8000 多种，如棉花枯黄萎病、水稻稻瘟病、纹枯病等。真菌也有有利的一面，如我们吃的香菇、蘑菇、木耳、银耳和药用的茯苓、灵芝、虫草，还有现代医学常用的青霉素、灰黄霉素等。因此，真菌和人类生活的关系十分密切。

真菌不同于一般植物，是一种微小的"低等植物"，没有根、茎、叶的分化，也没有叶绿素，因此它自己不能制造养料，靠过寄生生活。真菌的繁殖方式，主要是产生各种各样的孢子（就像作物的种子一样），依靠这些孢子进行传播、蔓延和繁殖后代。孢子的形状多数为圆形或椭圆形，侵入植物的方式是由孢子发芽产生芽管，然后芽管不断伸长形成菌丝。菌丝是一个管状物，它吸收植物的养分，不断生长、分枝，在适宜的环境中长成交错细长的菌丝体。我们通常用肉眼看到病组织上的霉状物，就是菌丝体。

（2）细菌：细菌的体积更小，通常要在显微镜下放大1000倍左右才能看到。大部分细菌对人体有害，如人的肺病、痢疾等就是细菌引起的。在1600多种细菌中，有300多种对植物有害，如水稻白叶枯病、棉花角斑病、大白菜软腐病等。

细菌的繁殖方式不同于真菌，它不产生孢子，是运用"分身法"进行繁殖的，即1个细菌分成2个，2个分成4个……无限地分下去。细菌的形状有球状、杆状和螺旋状三种，但引起植物病害的细菌多数为杆状。细菌侵入寄主植物的途径主要有两种：一是从自然孔口侵入，二是从伤口侵入。

（3）病毒：病毒是一种比细菌还要小的微生物，它的形态在一般光学显微镜下看不见，需要在电子显微镜下放大1万倍以上才能看到，人们患脑膜炎、病毒性感冒等疾病，都是由于感染了病毒而引起的。现在已经知道有1100多种植物能发生病毒病，如水稻普通矮缩病、油菜病毒病等。农作物感染病毒病，主要是由昆虫传播的，如叶蝉传播水稻病毒病，蚜虫传播油菜病毒病；此外，通过汁液、嫁接等方式也可传播。

病毒抵抗恶劣环境的能力特别强，如烟草普通花叶病毒在干燥条件下，病叶中的病毒保持几十年仍有侵染力。经试验，将30年前的带毒陈烟叶拿来搓碎，再把烟渣粉末涂在田间烟草受伤部位，仍能使烟叶感病。把干燥的带毒烟叶放进140℃的烘箱中烘20分钟，对病毒竟没有一点损伤。如果你吸的纸烟是用带病毒的烟叶制成的，吸烟后没有洗手就到烟地里劳动，这样也会把病毒传给无病的烟苗。

（4）线虫：线虫顾名思义就是像线一样的虫子。由于线虫为害作物后所表现的特征，与病害症状相似，所以又称线虫病。线虫是一种低等动物，个体小，一般在显微镜下才能看到，形状细长；但有的雌成虫肥大，呈鸭梨形，如大豆胞囊线虫等。

（5）寄生性种子植物：这种病原物俗名叫"金丝藤"、"无娘藤"、"寄生包"。按其寄生性能一般分为两类：一类是自身具有绿色叶片，能进行光合作用，但仍需从寄主植物体内获取水分和无机盐等，称半寄生植物；另一类是自身叶片退化或叶片变为鳞片，仅茎部具有少量的叶绿素，不能进行光合作用，必须从寄主植物上获取水分和全部养料，称全寄生植物。

寄生性种子植物对作物的影响，主要是抑制生长或局部肿大，严重者也会导致枝条或全株枯死，如大豆和亚麻上的菟丝子，常造成很大损失。

二、农作物害虫

农作物害虫有许多种，其中主要是昆虫中的害虫。此外，还有螨类和蜗牛等。下面着重介绍昆虫的基本知识，以便认识其中的害虫和益虫，更好地为农业生产服务。

（一）分清害虫和益虫

昆虫是动物界中最庞大的一个类群，全世界已知动物约有150万种，其中昆虫大约有100万种，占2/3。而昆虫当中有近一半是吃植物的；有18%是捕食其他昆虫的；有2.4%是寄生在其他动物的体内或体外的。后两部分昆虫大都对人类有益，一般称为天敌昆虫。

在吃植物的昆虫中，绝大多数是害虫。但也有一些是益虫，如桑蚕、五倍子蚜虫、紫胶蚧、白蜡虫等。有些昆虫本身就是名贵的中药材，如冬虫夏草、知了蜕壳、斑蝥和土鳖等。蜜蜂能采花酿蜜，供给人们食用，同时又给许多农作物传授花粉，提高作物产量。因此，我们在防治农作物病虫害时，要分清害虫和益虫。是害虫，我们就防治；是益虫，我们要保护。

图 3　我们在防治病虫害时，要分清害虫和益虫

（二）害虫一生的演变

害虫从卵孵化到变为成虫，都要经过一系列形态和内部的变化，这种变化的现象，叫做变态。农业害虫的变态主要有以下两类：

第一类是不完全变态，即害虫一生中只经过卵、幼虫、成虫三个发育阶段。也就是说，由幼虫直接变为成虫，一生中不出现蛹。这类变态的幼虫叫若虫。若虫和成虫在形态和生活习性方面基本相同，不同的是若虫的翅膀还未长好，生殖器官没有成熟。如稻飞虱、蚜虫、蝽象等，都属于不完全变态一类的害虫。

第二类叫做完全变态，即在害虫一生中，经过卵、幼虫、蛹、成虫4个阶段。完全变态的幼虫,不仅外部形态和内部器官与成虫很不相同,而且生活习性也不一样。如蛾类、蝴蝶、蚊蝇等,都属于完全变态一类的害虫。

1. 卵　害虫的卵就像鸡蛋一样,是一个大细胞,但它比鸡蛋小得多。卵外面是一层坚硬的卵壳,起保护作用,靠近卵壳里面的一层薄膜,叫卵黄膜,包围着原生质和卵黄,中间有一个细胞核,卵壳前端有一至数个小孔,称为卵孔。

卵的大小和形状各式各样,常见的有椭圆形、球形、半球形等。卵产出后有的分散,有的集中成卵块,有的上面还盖有一层保护物。产卵的地方也不一样,有的产在作物组织内,如稻飞虱、叶蝉等;有的产在嫩绿的稻株上,如稻螟虫;还有的产在土中,如蝼蛄、蝗虫等。掌握了害虫的产卵习性,就便于调查和防治害虫。从成虫产卵到孵化幼虫所经过的时间,叫做卵期。

2. 幼虫　刚从卵孵化出来的幼虫,叫初孵幼虫,又称为一龄幼虫。以后每蜕一次皮就增加一龄,一般蜕皮5~6次。在相邻的两次蜕皮之间所经历的时间,称为龄期。幼虫的身体分头、胸、腹三部分,胸部一般都长有足,但足的形状和数目不同。有些幼虫的体表生有刚毛或毛瘤,或有几条纵线,这些都是识别幼虫的重要特征。

从刚孵化的幼虫到变为蛹所经过的时间,叫做幼虫期。幼虫期是大多数害虫严重为害作物的时期,而且虫龄愈大,为害愈凶,愈不容易用药剂防治(抗药力强)。所以,一般要在低龄(3龄前)防治效果较好。掌握害虫龄期及其习性,与防治害虫有密切的关系。

3. 蛹　是完全变态类幼虫变为成虫的一个中间虫态。幼虫在这期间呈安静状态,它们不吃不喝也不动,但许多幼虫器官却要在这期间消除,并形成许多成虫器官,这个静止的时期,就称为蛹期。蛹或若虫变为成虫,称为羽化。

4. 成虫　成虫是害虫个体发育史中最后的一个虫态,也可说是害虫的繁殖阶段。成虫的身体也由头、胸、腹三部分组成,各部分还有附属器官。

成虫头部生有触角、眼和口器（不同类型的口器对作物的危害也不一样，掌握它在防治上很有意义）。害虫的口器主要有两类：一类是咀嚼式口器，如蝗虫、二十八星瓢虫等。具有这类口器的害虫，用嘴吃作物的根、茎、叶、花、果实等，造成叶片缺刻和孔洞，甚至成为光杆。另一类是刺吸式口器，如蚜虫、飞虱和盲蝽象等，它们的口器像针管一样，用于刺吸作物的汁液，使作物造成卷叶、萎缩、白斑或不结实。成虫的胸部生3对足，并有1～2对翅。腹部由许多环节组成，每节两侧各生有气门。

（三）害虫的世代和生活史

害虫从产卵—孵幼虫—化蛹—变成虫，叫做一个世代。各种害虫每年发生的代数是不同的，如豌豆象，每年只发生1代，而地老虎（土蚕）一年要发生4～5代。同一种害虫也因气候、环境不同而有变化，如褐稻虱，在岭南一年发生7～8代、而在湖北一年只发生5代。

害虫一年内的生活过程，叫生活史。一年发生几代的害虫，往往因发生期参差不齐，导致成虫产卵时间拉长。因此，前一代与下一代同时混合发生，出现"几代同堂"的现象，这叫做世代重叠。

（四）害虫的习性

1. 生活习性（食性） 害虫有一定的食料范围，叫做食性，即生活习惯。只为害一种作物的害虫，叫做单食性或寡食性害虫，如水稻三化螟只为害水稻，菜青虫只为害十字花科的白菜、萝卜等；能为害多种作物的害虫，叫做多食性或杂食性害虫，如玉米螟、黏虫、地老虎等。

2. 趋性 害虫受到外界光、热和化学物质刺激后，引起的反应，叫做趋性。有些夜晚活动的害虫，如螟蛾、叶蝉等，晚上见到灯光就飞扑，这叫做趋光性；有些害虫喜欢吃酸、甜等具有化学气味的食物，如黏虫、地老虎等，这种习性叫趋化性。

图 4　有的害虫有喜欢吃甜食的趋化性

3. 假死性　有些害虫当受到外界振动时,就从作物上掉下来,假装死亡。过了一会,它又照常活动为害,这种现象叫做假死性,如麦叶蜂、金龟子等。在防治这类害虫时,可以"将计就计",利用它的假死性,进行振落扑灭。

4. 群集性　同一种害虫的大量个体高密度地聚集在一起,俗称"藏热窝",这种习性叫做群集性。有些害虫,特别是刚孵化出来的低龄幼虫,常常聚集在一起,如玉米螟在玉米抽雄以前集中在心叶里为害,洋芋二十八星瓢虫集居在一起过冬等。

5. 休眠　害虫在生长发育过程中,为了抵抗严寒或酷暑,暂时停止发育,不吃不动,像睡觉一样,这种现象叫做休眠。以休眠状态过冬季称为越冬;以这种状态度过夏季称为越夏。害虫越冬阶段是它一生中比较薄弱的环节,也是消灭虫源的最好时机。

三、测报和防治的基本原则和方法

（一）测报和防治的基本原则

农作物病虫害，是农业生产的大敌，搞好病虫防治是夺取农业丰收的重要保证之一。防治病虫害如同对敌作战一样，事先要了解敌情，并据此做出计划和判断，才能克敌制胜。了解敌情需要侦察，防治病虫需要预测。要做到防患于未然，不但应认识防治对象、熟悉防治措施，而且要了解病虫害的发生规律，掌握一套简便易行的测报办法，做到知己知彼，方不贻误战机。

根据以上基本原则，对病虫必须进行田间调查，掌握其发生发展动态和天敌情况，结合作物长势、品种布局、气象条件、历史资料等，进行全面分析，预测病虫其未来的发生期、发生量、为害程度等，并提前向有关部门和农户提供病虫情报。这项工作就称为病虫预测预报。

病虫防治的基本原则是从农业生产的全局和农业生态学的总体观点出发，协调地使用各种必要的防治措施，并做到安全、经济、有效，把农作物病虫害控制在造成经济损失允许的水平之下，以达到从虫口中夺回大量农产品，使农业生产稳产、高产和产品优质的目的。

病虫防治的实践证明，单独使用任何一类防治方法，都不能全面有效地解决病虫害问题。在实践中，必须贯彻落实"预防为主、综合防治"的植保工作方针。针对当前农村千家万户的种田现状，防治技术要简化、优化，并逐步形成规范化，以便让农民尽快掌握病虫防治的实用技术。

（二）测报的基本类型和方法

1. 测报的基本类型

按预测内容分：

(1) 发生期预测：发生期预测就是综合分析病虫害的发育进度和生态因素的影响，预测病虫害出现的初期、盛期、末期，掌握其为害作物的关键时期；对于迁飞性害虫和流行性病害，预测其迁入或流行本地的时期，以此作为防治适期的依据。

(2) 发生量预测：发生量预测就是综合分析病虫害的发生规律和影响病虫害生长发育各时期的生态因素，预测病虫害发生数量的大小，主要是估计病虫害是否有严重发生的趋势和是否会达到防治指标。

(3) 为害程度预测：是在发生期、发生量等预测的基础上，根据农作物发育状况，以及环境因素的相互关系，预测病虫为害程度和估计可能造成的损失。

(4) 区域性预测：综合分析病原菌和害虫的生存条件，以及影响它们扩散蔓延的因素。（如病虫适应能力、种群密度、地形、气候等），预测病虫害在某一时期、一定范围内的分布情况，做出区域性测报，以便分类指导防治。

按预测时间长短分：

(1) 短期预测：短期预测的方法一般只有几天至十几天，所以又称为"近期预测"。其准确性高，在基层运用特别广泛。预测的方法是，根据前一二个虫态的发生情况，推算后一二个虫态的发生时期和数量，以确定未来的防治适期、次数和方法。例如三化螟的发生期预测，一般根据田间当代卵块数量增长、发育和孵化情况，来预测蚁螟盛孵期和蛀食稻茎的时期，从而确定用药时期。

(2) 中期预测：中期预测的期限是半个月至1个月，通常是预测下一个世代的发生情况，以确定防治对策。如预测螟虫发生期，可根据田间检查上一代幼虫和蛹的发育进度的结果，参照常年当地该代幼虫、蛹和下代卵的历期资料，预测下一代的卵孵盛期。

(3) 长期预测：长期预测的期限一般在1个月至1个季度以上。预测时间的长短，可根据病虫种类不同和繁殖周期长短而定。繁殖周期短、速度快，预测期限就短；反之则长，甚至可以跨年度。如小麦条锈病，若种植的感病品种面积大，秋苗发病率高，冬季气温偏高，土壤墒情好；或者冬季气温不高，但积雪时间长，雪层厚，而气象预报次年3~5月份多雨，即可预报次年有大流行或中等流行的可能。

以上测报内容是相互联系的，例如，害虫发生期及发生量的预测预报，可同时进行短、中、长期预报，这样才能适应农业生产目标管理的发展形势，为制定全年防治计划提供可靠依据，做到长计划，短安排，一环扣一环，使各级植保部门明确岗位责任制。

2. 预测预报的办法

（1）田间调查法：这是目前我国最常用的方法。主要预测发生期、发生量和为害程度。通过直接调查田间病虫的发生和作物长势，明确其虫口密度、发展动态与作物生育期的关系，应用气象资料、虫口密度、发育进度和虫态历期等观察资料进行预测。

（2）统计法：根据长期积累的系统资料，综合分析环境因素与害虫某一虫态的发生期、发生量的关系，进行相关回归分析，或数理统计计算，组建各种预测式。

（3）实验法：应用实验生物学方法，求出害虫各虫态的发育速率和有效积温，然后根据当地气象资料预测其发生期。

（4）物候法：根据作物的生长发育，如发芽、开花、结果、落叶等生理现象来预测病虫害的发生。因为植物的生理现象和病虫害的发育都与气候有密切关系，所以，可以根据植物的生长发育情况来预测病虫害的发生期。如湖北地区甘蓝型油菜的初花期，正是油菜菌核病菌放射子囊孢子盛期；春季蚕豆赤斑病重，预兆小麦赤霉病发生亦重；还有一些农谚，如"杨柳吐絮，地老虎蛾出；桃花一片红，发蛾到高峰"。"木槿初发芽，棉蚜就孵化"等，均是群众在科学实践中的总结。

（5）病害潜育期预测法：在一定的温、湿度条件下，各种病原菌从侵入作物体内到表现出症状，都有一段时间——即潜育期。当发现某种病菌的孢子开始形成高峰时，可以根据这种病害的潜育期，参考大田作物发育阶段，加上未来气候条件，预测此病害的发生期。如稻瘟病的潜育期9~10℃时为13~18天；17~18℃时为8

天；24～25℃时为 5.5 天；26～28℃为 4～5 天。根据此潜育期，可以在越冬病稻草上观察稻瘟病菌，当病菌孢子产生始期后 30～40 天为大田发病初期；孢子产生盛期后 10～14 天为大田发病盛期。

3. 病虫害的调查方法

（1）病害调查取样方法：取样必须有代表性和一定的数量，力求调查结果能够切实反映田间实际病情，同时又能节省调查时间，这就需要根据调查的对象和要求决定取样方法。

①样点选择。样点的数目依病害种类和环境而定。由气流传播而分布均匀的病害，可用棋盘式或对角线式取样。在田间分布不均匀的病害，可根据实际情况采用平行线、平行跳跃式或"Z"字形取样（详见害虫田间调查取样方法）。由气流传播的病害所取样点可少些，一般在一块田取 5 个样点。土传病害或分布不均匀的病害，以及地形、土壤和耕作不一致的地点，样点数目应适当增多。采用各种方式取样，应避免在田边进行，一般应离开田边 5～10 步。

②取样单位。依作物种类和病害特点而定。一般以株、蔸或一定器官，如茎、叶为单位，或以一定面积为单位。

取样大小也根据调查对象而定。如调查水稻病害，在秧苗期每点查 0.05～0.1 平方米；在水稻成株期，调查全株性或茎秆病害，可于每点取 10～20 蔸，以蔸为单位调查发病情况，或再从样点中取 1～2 蔸，以株为单位进行调查，尔后折算发病情况。对穗部病害每点查 100 穗；对叶部病害每点取 20～30 片叶，可根据要求随机取样：或调查部分叶片，或调查全株叶片。条播作物每点取 1/3 至 1 米行长，或取 100～200 株。植株大的作物，行长和面积要相应增大。

（2）虫害调查取样方法：虫害调查取样就是选取一定数量的有代表性的样本，以代表全田虫害发生情况，通常采用"随机取样法"能够较好地反映全局。但是，"随机取样"不等于"随便取样"，它有一定的规定和方法，常用的方法有：对角线取样法、棋盘式取样法、平行线取样法、分行取样法、"Z"字形取样法等。至于对某种害虫采取什么取样方法，主要是根据这种害虫的分布型来确定。

取样数量的多少，主要根据调查的目的及各种害虫发生的特点来决定，每种类型田可根据具体情况和取样方法，取一定的样点数。限于时间和人力，取样田块和样点数不能过多，但也不能太少，否则会因样本数太少，使调查结果缺乏准确性。

(3) 田间害虫主要分布型：害虫在田间的分布型，是在一定环境内的空间分布结构，常因害虫种类、虫态而异，也随着地形、土壤、被害作物种类与栽培方式、小气候条件等不同而变化。最常见的分布型有 3 种：随机分布型、核心分布型、嵌纹分布型；有时也混合发生，如随机核心混合型，核心嵌纹混合型等。

①随机分布型。是均匀的分布，即害虫在田间的分布是随机的，调查取样时，每个个体在取样单位出现的机会相同，通常是稀疏分散，如三化螟卵块在稻田的分布，玉米螟卵块在玉米田间的分布等。对于这种分布型的害虫，采用五点取样法、棋盘式取样法都适用。

②核心分布型。是不均匀的分布，即害虫在田间分布呈多数小集团，形成大大小小的核心，再自核心呈放射状蔓延。调查取样时，一个取样单位中，多个害虫个体的存在，影响其他个体出现于同一取样单位的几率，核心之间是随机的。如三化螟的幼虫，尽管卵块分布是随机的，但一个卵块有很多卵粒，可以孵化很多幼虫，幼虫刚孵化，活动力小，扩散范围不大，只能向周围呈放射状蔓延，因而其分布呈核心型。由三化螟幼虫为害造成的枯心苗和白穗，分布当然也是核心型。这种分布型，采取平行线取样法，其准确性较高。

③嵌纹分布型。分布亦不均匀，即害虫在田间疏密互见地分布。调查取样时每个个体在各取样单位中出现的机会不相等，通常是浓密的分布。如稻叶蝉在稻田的分布就是嵌纹型。其分布田边占三分之二，田中占三分之一，为害渐渐从四周蔓延全田。按疏密兼

顾的原则,采用"Z"字形取样,就能较客观地反映稻叶蝉在稻田的发生为害情况。

(三) 防治病虫害的基本方法

1. 植物检疫　植物检疫就是对危险性病、虫及杂草的把关,它是贯彻"预防为主、综合防治"的一项重要措施。按其工作范围的不同,可分为对外检疫和对内检疫两部分。对外检疫的任务,是防治国外输入新的或在国内还只是局部发生的危险性病、虫、杂草;同时,也防止国内的某些危险性病、虫、杂草输出国外。对内检疫,就是要防止危险性病、虫、杂草在地区间传播蔓延。

图5　对外检疫的任务之一是防止国外输入新的危险性病虫

目前检疫的方法主要有以下几种:
(1) 建立繁育无病虫的种子和苗木基地,经过生长期鉴定无病虫后方可向外调运。

（2）开展病虫普查工作。摸清病、虫、杂草的种类、分布和为害情况：把已经发生危险性病、虫、杂草的地区划为疫区；未发生的地区划为保护区。疫区的种子、苗木不得外运。当危险性病、虫、杂草传入保护区，或局部地区发现轻微的检疫对象时，应立即消灭或封锁该地区，不使其传播蔓延。

（3）调运种子、苗木实行检疫检验，如发现有危险性病、虫、杂草。则要进行就地处理，暂停调运或不作种用等措施。

2. **农业防治** 农业防治就是综合利用农业生产措施，创造有利于作物生长发育，而不利于病、虫发生的栽培环境，直接或间接地抑制或消灭病虫的发生和为害，其防治措施主要有以下几种：

（1）选用抗病虫品种：利用农作物抗病抗虫的特性，是防治病虫害最经济有效的方法。特别是对于病害，选用抗病品种是最根本的防治措施。由于各地自然条件和病原菌生理小种不完全相同，使作物品种的抗病性常常表现出地区间的差异。对此各地在引种时应加以注意。当然，农作物的抗病、抗虫能力也不是绝对不变的，因此，要不断选择、培育抗病（虫）品种，及时更新换代。

为了保持和延长作物品种的抗性。种植农作物必须注意品种搭配，合理布局，不断选优提纯，保持抗性。

（2）合理栽培：合理的耕作栽培制度是农业防治的基础。根据病虫发生特点，合理安排作物茬口，品种布局、调节播种期，可以避开病虫传播和为害的时期。

（3）合理轮作：合理轮作能够缓和土壤养分供应失调，有利于作物健壮生长，提高其抗病能力，还可使寡食性害虫或寄主种类较少的病虫营养条件恶化，以至得不到食料而死亡或转移。

（4）合理施肥：合理施肥能改善作物的营养条件，提高其抗逆能力，改良土壤性状。施肥不当，如偏施氮肥，造成作物生长嫩绿，会降低其抗病能力；施用未腐熟的肥料，可招引种蝇产卵或导致作物中毒。

（5）深耕细耙：深耕细耙可将地面或浅土中的病虫和带菌残

茬埋入深土层,减少病虫为害。还可将原来土中的病虫翻至地面,受天敌和其他自然因素(如光、温度、湿度)的影响而促其死亡。耕耙的机械作用还可直接杀死栖息在土壤中的害虫。

(6)加强田间管理:看天气和地理条件进行肥水管理,可促进作物生长发育,提高自身免疫力。适时中耕锄草,可改变农田小气候、改善作物生长环境,抑制病虫发生为害,同时也可直接消灭多种病虫。因为杂草是许多病虫寄生、繁殖、传播和蔓延的根据地。

3. 生物防治 生物防治是利用各种有益的生物或生物产生的杀虫、杀菌物质来防治病虫害。有益生物大致可分为病原生物、益虫和其他有益动物三大类。以它们的防治对象划分,通常有以下几种:

(1)以虫治虫:是指利用有益昆虫(又称天敌)来消灭害虫。常见的天敌昆虫有捕食性天敌(如瓢虫、草蛉等)和寄生性天敌(如赤眼蜂、寄生蝇等)。一般通过引入天敌、人工释放和自然保护天敌等方式,来达到控制害虫为害的目的。

(2)以菌治虫:又称为微生物农药治虫,是指用真菌、细菌、病毒等病原微生物防治害虫。我国最常用的真菌如白僵菌,主要用于防治玉米螟、松毛虫等。近年来,我国常用的细菌杀虫剂有苏云金杆菌、杀螟杆菌、青虫菌以及BT乳剂,它们都属于苏云金杆菌类,能防治多种害虫,如菜青虫、棉小造桥虫、水稻螟虫和茶毛虫等。此外,用核多角体病毒防治棉铃虫、地老虎等害虫,效果良好。

(3)以菌治病:是指利用微生物新陈代谢产生的一种杀菌物质来杀死病菌。目前已经报道的抗菌素有1000种以上,常用的农用抗菌素有春雷霉素(防稻瘟病)、井岗霉素(防水稻纹枯病)、加收米(防稻瘟病和番茄叶霉病)等。

(4)益鸟和其他食虫天敌:在我国1100种鸟类中,有相当一部分益鸟可以取食害虫,常见的益鸟有燕子、猫头鹰、杜鹃、啄木鸟等。其他如青蛙、蝙蝠、蜥蜴以及鸡、鸭等,也能捕食某些害虫。

4. 药剂防治　利用化学农药防治农作物病、虫害称为药剂防治。农药的种类很多,但防治病虫的主要是杀虫剂和杀菌剂。

(1) 杀虫剂:按其化学成分,主要分为有机磷、有机氮、拟除虫菊醋、氨基甲酸酯等几大类。根据农药的性能和进入虫体的途径,又可分为胃毒剂、接触剂、内吸剂、熏蒸剂和综合剂等5种。

①胃毒剂。这类药物多为无机化合物,它们不能直接进入害虫体内,必须同食物一起被害虫吃进去后,经吸收才能使害虫中毒死亡,如苏云金杆菌类农药。

图6　胃毒剂同食物一起被害虫吃进去后,能使害虫中毒死亡

②接触剂。害虫身体接触农药后,即引起中毒死亡的药剂。这是多种化学农药所具备的,如杀虫双、菊酯类农药等。

③内吸剂。农药被植物吸收,在植物体内可以传导,分布到全

体，当害虫侵害作物时，会引起中毒死亡，如乐果、甲胺磷等有机磷农药。

④熏蒸剂。有些农药能气化，喷洒后变成气体，通过害虫的气门而进入体内。引起中毒死亡的药剂，如溴甲烷、氯化苦等。

⑤综合剂。兼有胃毒、触杀和熏蒸作用，使用范围最广，数量也最多，如敌百虫、敌敌畏、甲基对硫磷、二嗪农等。

（2）杀菌剂：按其化学成分，主要分为铜制剂、硫制剂、杂环类、苯类和有机磷等几大类；按其杀菌方式和作用，主要分为保护剂和治疗剂。

①保护剂。这类药剂以预防为主，在病原物侵入作物之前，喷施药剂，可阻止病原物的侵入，预防病害的发生，如波尔多液、代森锌、三环唑等。

②治疗剂。在病原物侵入寄主植物之后，或已引起作物发病，直接施药，能杀死侵入的病原物，防止病菌再扩散蔓延，如粉锈宁、多菌灵等。

5. 物理（机械）防治　利用各种物理因素和机械设备防治病虫害，主要有以下几种：

（1）汰选：根据种子和病粒的比重不同，用泥水、盐水以及清水泡种，以便漂除病粒和淘汰秕粒。

（2）热处理：常用的有日光晒种、温水浸种、冷浸日晒等方法。

（3）捕杀：利用人工或各种捕捉器直接杀灭或捕捉害虫。如利用害虫的假死性捕捉金龟子和地老虎幼虫等；人工采摘玉米螟卵块等。

（4）诱杀：利用害虫的趋光性诱杀，如用油灯、汽灯、黑光灯等作为光源可诱杀多种害虫。或利用害虫的趋化性，如用糖醋酒液诱杀地老虎、黏虫等成虫；用麦麸拌敌百虫原粉制成毒饵诱杀蝼蛄等。还可利用害虫的潜伏习性，用堆草、堆落叶、插杨柳树枝把等土方法诱杀害虫。

第二章 水稻病虫害

一、稻瘟病

症状识别 稻瘟病又称稻热病,群众称为火风、火烧瘟、吊颈瘟、炸线,是水稻的严重病害。病原在真菌半知菌梨孢属。农谚总结为"麦怕黄沙稻怕瘟"。水稻整个生育期都会发生,因受害时期和部位不同,分为苗瘟、叶瘟、节瘟、穗颈瘟和谷粒瘟。

(1) 苗瘟:由种子带菌引起,一般发生在三叶期以前,病菌基部变灰黑色,上部变淡红褐色,严重时成片枯死,远看像火烧过似的,群众称"火烧瘟"。

(2) 叶瘟:秧田和本田都可发生,一般在分蘖盛期发生最多,病斑有四种类型。①白点型。斑点白色,近圆形或圆形,大小跨度 2~4 条叶脉。②褐点型。斑点褐色,很小,比针尖略大,老叶上较多,一般不扩展。③急性型。斑点暗绿色,形状似横切的半粒绿豆,两端稍尖,或不规则形,病斑上产生灰绿色霉,这是病菌的分生孢子。这种病斑发展快,危险性大,是稻瘟病流行的预兆。④慢性型。这种病斑最常见,形态像梭子,两端尖,中间灰白色,边缘红褐色,外围有黄色晕圈。天气潮湿时也能传病。

(3) 节瘟:发生在稻节上,全部或一部分变为黑褐色,病节变黑收缩,上面生绿霉,造成茎节弯曲或折断。

(4) 穗颈瘟:发生在穗颈或小枝梗上,病斑黑褐色。发病早造成白穗,很像螟虫为害的白穗,但拔不出来。病穗易折断。所以俗称"吊颈瘟"。

(5)谷粒瘟:谷粒上病斑呈椭圆形,不规则的褐色斑点,常使谷粒不饱满,严重时造成秕谷;护颖受害,变为褐色或灰黑色。

发生规律 稻瘟病菌在种子和稻草上越冬,是发病的来源。带菌种子播种后,即可引起苗稻瘟。天气转暖、降雨潮湿时,大量病菌从稻草上飞散出来,借风传播到水稻上,使稻株发病。在适宜条件下,在稻株上不断繁殖病菌(分生孢子),靠风雨等传播,继续为害水稻。

栽插感病品种,种子未消毒,带菌稻草未及时处理,是发病的基础;气温在24~28℃,相对湿度在95%以上,阴雨连绵,日照不足的情况下,特别有利于发病;施用氮肥过多,且时间集中,以致水稻柔嫩茂密;土壤酸性过大,长期冷浸水灌田等情况下易流行成灾。晚稻孕穗抽穗期,遇20℃以下的低温,有利于穗瘟的流行,在初发病时,一般为少数分散成团的发病中心,出现急性型病斑时病害蔓延最快。

测报办法

(1)查病斑类型,定防治对象田:在水稻分蘖期,观察感病品种和长势过旺的田块,当看到有急性型病斑时,应定为药剂防治田块;孕穗期,遇到突然低温,连日阴雨或雾露较重时,即使剑叶上没有急性型病斑,但叶色乌绿,披叶徒长,或种植感病品种的田块,也应定为防治田块。

(2)查发病程度,定药剂防治时期:①苗瘟。平均一分秧田出现发病中心1~2个,或秧田零星发生急性型病斑。②叶瘟。当田间中心病株出现急性型病斑,病叶率明显上升。天气预报近期多阴雨,或者雾大露重时,应立即防治。③穗颈瘟。孕穗末期叶瘟发病率或剑叶叶枕发病率上升到1%左右,即100片叶子中有1片叶子发病,或天气预报早稻抽穗期多雨;晚稻抽穗期将遇到"寒露风",或降温幅度大,连续三天以上气温在20℃以下,就应及时发出预报,并组织防治。

防治措施

(1)选用高产抗病良种:各地都有一些抗耐病品种,但要根据本地条件、因地制宜选用已审定通过的品种。

（2）种子处理：经常发生稻瘟的地区，可用50%代森铵500倍液浸种24小时，或用福尔马林0.5千克，加水25千克，浸种或闷种30分钟，也可以用1%生石灰水浸种1天。

（3）合理施肥：施足底肥，多施腐熟的有机肥，配施磷钾肥。不要过多、过迟施用氮肥。

（4）合理灌溉：田间要开好围沟，做到浅水勤灌。分蘖后期及时排水晒田，孕穗以后保持干干湿湿。

（5）药剂防治：①每亩地用20%三环唑可湿性粉剂75~100克加水60千克喷雾。以水稻破口初期（当每苗有一株破口）用药为好，施药一次即可。在常发地区预防叶瘟，用20%三环唑1:750倍液浸秧把一分钟，取出堆闷半小时，再插秧，其防效优于喷雾。②每亩地用40%富士一号乳剂100毫升，加水60千克喷雾。防治苗瘟、叶瘟在发病始期；防穗颈瘟在破口期及齐穗期各喷一次。③每亩地用40%稻瘟灵乳剂150~200毫升（3~4两），加水60千克喷雾；或加水8~10千克低容量喷雾。

（6）土农药防治：方法一：取韭菜1千克捣烂加水6倍，搅匀榨滤即成，喷雾时每亩地用原液6千克加水60千克。方法二：用鲜乌桕叶100千克捣烂榨取汁液，加水100千克搅和，然后喷雾。方法三：用生姜5千克捣烂取汁，加水100千克，充分搅和过滤即成药液。

二、稻白叶枯病

稻白叶枯病俗称"过水风"、"白叶瘟"，是水稻的一种细菌性病害，属黄单孢杆菌属。在许多地区属检疫对象。

症状识别 白叶枯病主要为害叶片，病斑常从水稻叶尖或叶边缘开始，最初出现暗绿色线状短斑，以后沿叶脉、叶缘向上下扩展，形成黄褐色长条状病斑。病部先是黄绿色，后变黄白色，最后枯死变为灰白色，所以叫做"白叶枯病"。受害部分与健全部分界线比较明显,病斑边缘呈现不规则的波浪纹。天气潮湿或早晨露水未干时,在病斑上或叶尖、叶缘上凝集一至数个黄色带黏性的露珠,干后成为鱼子状的小胶粒,这就是细菌的凝集物,称为菌脓。

水稻上还有一种细菌性条斑病,亦为植物检疫对象,同稻白叶枯病的症状相似,其主要区别如下表:

白叶枯病	细菌性条斑病
病菌多从水孔侵入,故病斑多在叶尖或叶缘发生,后沿叶脉向上下扩展。	病斑多从气孔侵入,故病斑在叶片上任何部位都可发生。
病斑扩展成长条状,不透明,病健组织界限明显。	病斑扩展成黄褐色,短条状或连成长条斑,病斑透明。
菌脓乳白色至黄色,个体较大,数量较少。	菌脓蜡黄色,个体较小,数量较多,叶背面更多。
苗期表现症状较少	水稻各生育期均可见到症状。

白叶枯病还容易和生理性枯黄相混淆,可用以下三种方法鉴别:①玻璃片检查。在稻叶病健交界的部分剪一小块,放在玻璃片水滴中,加盖一块玻璃片,用力夹紧,挤出气泡,对着光照看,如切口处有白色云雾状混浊物流出,即为白叶枯病;反之就是生理性枯黄。②染色检查。用普通红墨水,取两片病叶,剪去叶基部,插入墨水中,放在通风处,经过半小时至1小时后检查,若病斑部位染不上红色,即为白叶枯病。③保湿检查。取茶杯一个,内装清洁河沙一层,并加水湿润,切取病叶数段,长约7厘米,下端插入沙中,上端外露,杯口加盖保湿,经过24小时,如上端切口处有淡黄色菌脓溢出,即为白叶枯病。

发生规律 病害的主要来源是带菌种子,其次是未腐烂的稻草。采用病田种子作种,或用病稻草浸种催芽、扎秧把、堵水口等,均可传播白叶枯病菌。细菌侵入幼苗,引起发病,一般先出现中心病株,然后在病株上分泌菌脓,借风、雨、露水、灌溉水和管理人员的走动以及叶片的接触等传播蔓延。

图7 白叶枯病菌可以借未腐烂的稻草传播蔓延

白叶枯病发生轻重与气候、品种和水肥管理有很大的关系：温暖多雨的天气，有利发病，最适温度在26~30℃，相对湿度在85%以上，特别是暴风雨，使稻株互相碰撞造成伤口，增加病菌侵入机会，暴雨常造成稻田淹水和大水串灌，使病菌扩散蔓延。在品种方面，抗病差异很大，一般粳稻比籼稻抗病，在水肥方面，氮肥追施过迟过量，稻田长期灌深水，也有利于发病。

测报办法

（1）开展普查，确定防治对象田：早、中稻从分蘖期，晚稻从秧苗三叶期开始普查，凡是淹过水的秧苗，或是低洼易涝的稻田，多肥嫩绿的高产稻田，以及种植感病品种的稻田，均应作为普查对象。特别要注意田边、田角和进水口等处的稻株。用目测法，每 5~7 天查一次，可用小竹竿轻轻拨开稻株，仔细观察，以防遗漏。当查到有中心病株的田块时，应作出标记，定为防治对象田。

（2）根据病情和气候，确定防治适期：当查到中心病株，且病斑多数是急性型病斑，结合天气预报，如果近期内有阴雨或台风，立即喷药封锁发病中心，以防蔓延。对于秧田的防治适期，凡是淹过水的田块（包括漫灌田块），排水后立即施药。

防治措施

（1）严格执行植物检疫制度：无病区不向病区引种；病区种子不许外调，病种不作种用，防止病区扩大。

（2）种子处理：用10%"402"稀释500倍，浸种2天；或用农用链霉素200单位浸种24小时；或用摄氏54℃温水浸种20分钟，浸后立即投入冷水中冷却，然后播种。

（3）选择秧田：秧田应选在远离房屋、草堆、场地的地方，位置要高，排灌要方便；晚稻秧田不要靠近早稻田；不用上年发病的杂交水稻田做秧田。

（4）科学管水，合理施肥：水淹秧苗是造成白叶枯病菌侵入感染的重要途径。因此田间要开好"三沟"。在三叶期前做到湿润管理，三叶期后浅水灌溉，防止漫灌和暴雨后受淹；发病田块严禁串灌，施肥应以底肥为主，追肥要早，看苗补肥，切忌偏施或迟施氮肥；可以增施钾肥或草木灰，提高稻株抗病力。

（5）药剂防治：施用药剂的防治重点在感病田和常发地区。主要对象：一是秧田期、特别是在移栽前5~7天应打一次"送嫁药"，这是一次投资小、见效快的有效措施；二是对发病中心株；三是在孕穗期。主要药剂如下：①每亩地用25%"川化018" 100~150毫升或叶青双150毫升，兑水60千克喷雾，或加水7.5~10千克低容量喷雾。十天后视病情再打第二次药。②每亩地用1:2~3黑白灰（草木灰：古灰）20~25千克，于发病初期，连撒数次。

三、水稻纹枯病

稻纹枯病俗称"花脚秆"、"烂脚瘟"、"麻杆子"。病原为真菌半知菌类丝核菌属,是水稻的主要病害之一。水稻受害后造成"暗伤",损失较大。一般早、中稻受害重,晚稻受害较轻。

症状识别 一般从水稻的分蘖期开始发病,先为害叶鞘,再侵害叶片,圆秆拔节到抽穗期盛发。初发病时,在近水面的叶鞘上,产生暗绿色水渍状病斑,像开水烫了一样,以后逐渐扩大成椭圆形或云纹状病斑。病斑边缘褐色,中部淡褐色或灰白色。病斑多时,常连成一大块形状不规则的云纹状大斑。叶片上的病斑和叶鞘病斑相似。天气潮湿时,病斑处产生白色菌丝,后变成黑褐色的菌核,大小不等,稍扁平。成熟后易脱落,掉入土中。

发生规律 菌核在土壤中越冬,第二年春耕灌水整田时,菌核随灌水漂浮水面上,栽秧后菌核即附在近水面的稻株上,长出菌丝,侵害叶鞘,几天后便出现病斑,以后病斑上再长出菌丝,一是向稻株上下垂直扩展,二是向邻近的稻株水平扩展,进行再次侵染,引起更大为害。潜伏在稻草或杂草上的菌丝,也能引起发病,这种病是一种喜欢中温高湿的病害,田间气候在 25~32℃ 时,连续阴雨,病势发展特别快,一般在水稻分蘖期开始发病,孕穗前后为发病高峰,乳熟期后病势下降。植株过密,过早封行,施氮肥过多、过迟、灌水过深的稻田中,最易诱发此病。

测报办法 从水稻分蘖期开始,根据苗情,确定调查田块,对于历年发病重、密植、多肥、生长嫩绿、封行早的稻田,都是重点调查对象。每块田定五点,点要选在稻田四周和生长茂盛的地方,尤其注意调查稻田西北角(因为我国主产稻区夏季多东南风,浪渣里的菌核多集中在西北角),每点查水稻 20 蔸,共查 100 蔸,注意检查基部叶鞘和叶片上的病斑,每 5 天查一次。在分蘖末期至圆秆拔节期每 100 蔸有 15~20 蔸出现病斑(一蔸水稻中,只要有一个病斑,就作为有病稻蔸),或孕穗期每 100 蔸有 30 蔸出现病斑的

图 8 水稻纹枯病的菌核随着春天灌水整田时为害庄稼

田块,就要进行药剂防治。

防治措施

(1) 清除菌源:在第一次灌水整田时,可用畚箕打捞浮在下风田边水面上的浪渣,挑到其他地方深埋或烧毁,消灭菌核。用往年发过病的稻草作肥料,要发酵腐熟,以免带菌入田。

(2) 加强栽培管理:在供水条件较好的地方,要做到浅水勤灌,适时晒田。一般在水稻分蘖盛期前浅灌,分蘖末期开始晒田,孕穗以后干干湿湿。在施肥方面,做到底肥足,追肥早,不过多、过迟施用氮肥,合理密植,降低田间湿度,这些措施均可减轻发病。另据江苏经验,稻田放养绿萍也是减轻纹枯病的一项有效措施。

(3) 适时喷药保护:为了保证防治效果,避免产生药害,最好采用井冈霉素。用其他药时，要严格控制药量。喷药时，田间要保持浅水；泼浇时，桶内药液要经常搅动，以免因药粉沉淀而泼浇不均匀；撒毒土时，宜在早上露水干后进行，主要药剂有：①每亩用1%井冈霉素0.5千克，加60千克喷雾；或用同样剂量，加水400千克泼浇，或每亩用井冈霉素粉剂1小包（30克）加水喷洒，喷雾以喷粗雾滴为好，可将常用喷雾器卸掉喷杆，一手打气，一手捏住皮管前端喷洒，既省工省力，又可喷到基部，充分发挥药效。②每亩用25%多菌灵可湿性粉剂0.2千克，加水60千克喷雾；或者每亩用药300克，拌细土25千克撒施，也可以加水400千克泼浇。③每亩用25%禾穗宁60克于水稻发病初期，加水60千克喷雾；或每亩用药125克，拌细土25千克撒施；或每亩用药100克，加水400千克泼浇。④每亩用25%粉锈宁可湿性粉剂50克，加水60千克喷雾。

（4）土农药防治：①辣椒水。原料：辣椒、水。配制方法：将辣味强的鲜辣椒切细，1千克鲜辣椒加12千克水，烧开半小时后过滤去渣，制成药剂原液。使用时每亩用7.5千克原液加水75～100千克，于晴天傍晚和早晨露水干后喷雾。②石硫合剂。原料：石灰、硫黄、水。配制方法：石灰、硫黄、水的比例为1:1.5:10。把硫黄磨成细粉，调成米糊状液加热，待水温达到70～80℃时，再把生石灰块放入并加大火力，水开后熬煮40～50分钟，颜色就变成老酱油色，浓度达20～23波美度即成。使用时，将溶液加水稀释到波美度为0.5～0.6度，对准稻株中、下部叶片喷雾。③废柴油。使用方法：每亩用废柴油1.3～2千克，用破布沾上废柴油。用石头或者木棍围起浪水，提高水位让柴油水流入稻田。防治期间，若早晨气温较低，最好先排干田里积水或者保持浅水。在抽穗前一个月停用这种方法。

四、水稻烂秧病

水稻烂秧分病理性和生理性两种。病理性烂秧是由真菌侵入秧苗后引起的,主要有绵腐病菌、立枯病菌和腐败病菌等;生理性烂秧主要由低温和秧田管理不善所引起。

症状识别 绵腐病菌和腐败菌在水稻播种5~6天后就可发生,主要为害幼根和幼芽,最初在稻谷边缘出现乳白色胶状物,以后以胚为中心放射出像棉絮一样乳白色至土黄色的绵毛状物(两种病菌的菌丝),使种子内部完全腐烂,幼苗逐渐枯死。开始时仅零星发生,很快向四周蔓延扩展,发病重的秋田,秧苗成片死亡。

立枯病菌一般侵染湿润秧田和旱秧田的秧苗。早期发病,秧苗枯萎,茎基部腐烂,很容易拔断;后期发病,心叶先萎垂卷缩,茎基部腐烂软化,全株黄褐色枯死。病苗基部大多长有赤色霉状物,这是立枯病的菌丝体和分生孢子。

生理性烂秧主要有烂种、烂芽、黑根、青枯和黄枯等病状。南方育秧期常遇寒潮袭击,易发生烂种和烂秧;北方秧田里易发生黑根,播种后1~2星期,种壳及根部表面变黑,周围土壤也变黑,并发生强烈臭味。青枯和黄枯只在秧苗受低温且管理失调时发生。发病急受害重的秧苗成青枯状;发病慢而受害轻的,秧苗成黄枯状。

发生规律 病理性烂秧的病菌普遍腐生在土壤和田沟水中,它专门侵害长势很弱的稻种和稻芽,靠灌溉水和土壤传播。由于水稻喜温不耐寒,在15℃以下的温度秧苗生长极为缓慢,在5℃左右的气温下4~6天便会大部分冻死。所以,每当寒潮来临,各种苗病也会随即出现。绵腐病菌通常就在寒流后为害。薄膜育秧揭膜后,稻苗受寒风侵袭,此时易导致青枯、黄枯和烂秧。秧田整地粗糙、高低不平,施用未腐熟有机肥,覆土过厚,灌污水,秧田板结缺氧,都易造成烂秧烂芽和黑根。生理性烂秧主要是由低温、寒潮、暴晒和秧田灌水过多、过少等管理不当所引起的。

防治措施 加强栽培管理,培育壮秧,增加稻株抗病能力,是防治病理性烂秧的根本办法。

(1)发病前预防措施:①精选种子并进行晒种。②催芽用水要清洁,并抓住天气(冷尾暖头)时机撒种,提高播种质量。

③选择避风向阳，土质好，排灌方便的田块作秧田，进行秋耕、秋灌、秋施有机肥。④播种后要盖一层草木灰保暖；播后7~10天，秧苗显青前，秧苗经常保持湿润，促使扎根，以后经常灌流动清水。⑤三叶期后浅水勤灌，遇雨要排水落干；如遇大风和低温寒潮，及时灌深水护秧，过后立即排水。⑥薄膜育秧的秧田，要注意管理好薄膜内的温、湿度，适时通风，现青后要逐渐揭膜炼苗。

（2）发病后抢救措施：①灌深水引起的烂秧，要立即排除锈水、污水，换上清水，再彻底落干或保持流动浅水。②发生黑根的秧田，每天要增加排灌次数，小水勤排勤灌。③发生立枯病的田块，应每天早晚灌水抢救，并追施优质农家肥和轻施氮、磷化肥；或在做秧板时，在河泥中拌和65%敌克松可湿性粉剂600倍液，有显著效果。④发生绵腐的田块，应换清水，灌排2~3次；也可先排水，留浅水喷硫酸铜2000倍液，每亩喷药液60千克；或喷灌敌克松5000倍液，每亩用药0.25千克。⑤发生青枯和黄枯症的秧田，应及时灌水，灌到厢面后立即排水。⑥薄膜育秧的秧田发现死苗时可抓紧时间移栽或将秧苗假植在本田中。

五、水稻恶苗病

水稻恶苗病又名徒长病，俗称公秧。在全国各稻区均有不同程度的发生。病原为真菌子囊菌纲赤霉属。

症状识别 带病菌的种子，播种之后有的不能发芽，有的发芽不久即萎蔫枯死。能继续生长的病苗，颜色变淡为黄绿色，株型纤细瘦弱，叶鞘和叶片均较健株狭窄；与健株比较，明显高出许多；根部发育不良，根毛数减少，分蘖不好。颜色为黄绿色，株型纤细瘦弱，叶鞘和叶片均较健株狭窄；与健株比较，明显高出许多；根部发育不良，根毛数减少，分蘖不好。移栽后，病株生长较快，分蘖少，节间显著伸长，节部弯曲，变淡褐色，在节上生出很多倒生须根；发病重的稻株，一般是在抽穗前枯死，叶鞘上产生白色到淡红色的霉状物，即病菌的分生孢子。轻病株虽能抽穗，但穗小粒少，或成白穗，一般比健株高，出穗早。稻粒受害变为褐色或在颖壳合缝上产生淡红色霉。

发生规律 水稻扬花时，从病株上飞散出来的病菌孢子，侵染花器后形成带病种子，以及收时与病株接触沾染病菌孢子和菌丝的种子，都是来年初次侵染的菌源。带病菌的稻草也可引起发病。稻草上的病原物在干燥条件下可以越冬，但在潮湿的土壤中寿命很短。在旱秧或半旱秧中，如果用上年的病草盖秧板，即使播种无病谷种，也常常发病严重。带病谷种播种后，幼苗就会受害；本田期病菌孢子借风雨传播，从植株伤口侵入引起再侵染。病菌发育的最适温度在25～30℃之间。病菌侵入稻苗后，产生赤霉素等物质导致稻苗徒长，并抑制叶绿素的形成。

防治措施

（1）选用无病种子：种子脱粒时避免机械损伤；不要从病田以及附近的稻田留种。发病普遍的地区应淘汰病种，换用无病稻种。

（2）种子消毒：用石灰水浸种，或用福尔马林闷种，其方法与防治稻瘟病的浸种、闷种方法相同。用35％恶苗灵，每瓶200克，使用前摇匀，加水50千克，浸种50千克，浸5～6天。近年推广线菌清处理稻种，每亩用5克药浸种6千克对预防稻恶苗病有特效。

（3）在没有药剂处理种子的情况下，也可在播种前用20％的盐水或30％的泥水选种，汰除病粒或半米粒。

（4）清除菌源：发现病株及时拔掉，并集中烧毁或沤肥；病稻草不要堆在田边，应早作柴火烧掉，不要用于盖秧板和扎秧把；如用稻草制作堆肥，必须经过腐熟后施用。

（5）避免秧苗受伤：拔秧前要灌水，防止秧田板结，以免造成拔秧时损伤秧苗，利于病菌侵入。

（6）若大田感病，可试用8ppm放线酮喷雾防治。

六、水稻胡麻叶斑病

稻胡麻叶斑病分布很广,从秧苗期到收获期都可以发生。尤其以水稻圆秆前为害较重,造成一定减产,并对米质有些影响,病原为真菌半知菌类长蠕孢属。

症状识别 幼芽得病,在芽鞘上出现圆形或椭圆形病斑,幼根变成黑色,严重时,子叶还未长出就枯死,叶片得病,先发生褐色小点,以后发展成圆形或椭圆形病斑,有深浅不同的同心轮纹,病斑上产生黑色霉状物,病斑边缘黄褐色,严重时,在一片稻叶上病斑可多达 200~300 个。有时互相联合成不规则的大斑。叶鞘得病,病斑与叶片上的相似,但稍大些。

发生规律 病菌潜伏在稻种稻草上越冬,在第二年适宜的温湿度条件下,产生分生孢子,随气流传播,菌丝生长最适宜的温度在 28℃左右,高于 35℃对其不利。在秧苗缺肥,田间干旱时发病较重,在酸性土壤中发病亦重。

防治措施

(1)种子消毒、处理有病稻草和药剂防治,其方法参照稻瘟病。

(2)追施速效氮肥:秧田和本田由于缺肥引起发病,可施用速效性氮肥,如硫酸铵、稀人粪尿等,控制病情扩展。

(3)合理灌溉:避免长期积水,造成土壤中通气不良;防止缺水,造成土壤干裂,诱发病害。

七、水稻霜霉病

水稻霜霉病又称黄化萎缩病,是由真菌指疫霉属霜霉病菌引起的。

症状识别 水稻秧苗期受害,叶色较淡,对光看叶片,上有淡绿色斑纹,病株稍矮,病叶增厚,开张角度较大;移栽到大田后矮化显著，病株只有健株的一半左右，叶色较淡，尤其是稻心叶，呈黄绿色至黄白色，初有黄白色圆形或不规则形的条纹斑，以后下部叶片逐渐枯死。一株发病，其分蘖的稻株跟着全部发病，生长萎缩，颜色较淡。叶鞘受害后略有膨胀，表面呈不规则的波纹并打皱或有弯曲。受害严重时病株早期死亡或不抽穗，常被叶鞘包裹，或者只抽出畸形穗，穗小不实，颖壳呈叶片状。

发生规律 稻霜霉病的病原菌是以卵孢子的方式越冬。病菌适合在潮湿的地方生存繁殖，并借助水流传播蔓延，所以在遭水淹和低洼潮湿的稻田发病较多，一般在淹水后 15~20 天左右发生。稻霜霉病菌除为害水稻外，还为害玉米、大麦、小麦等作物。

防治措施 选择地势较高的田块做秧田，避免秧田积水；在水稻生长期间，防止秧田和本田受水淹、诱发病害。

（1）田间出现零星病株时，立即拔除烧毁，控制其流行。

图9 田间出现病株，应立即拔除以控制水稻霜霉病的流行

（2）用波尔多液喷洒，剂量是 1∶1∶240 倍（硫酸铜∶石

灰:水)。

八、水稻叶黑粉病

稻叶黑粉病又称叶黑肿病。为害水稻叶片,在叶表面和背面都可表现出症状。病原为真菌担子菌纲叶黑粉菌属。

症状识别 水稻叶片受害后,一般从下部叶片开始,逐渐向上扩展,尤其是营养不良的下部叶片发病较多。也可以为害叶鞘。病斑初期为褐色,细长,散生或集中条状,沿着叶脉就像断断续续的几条线,以后从中心变为黑色,稍微隆起,内部充满着黑色病菌,即厚垣孢子。隆起的斑点周围变黄,严重时一片叶上可有斑点1000多个。重病叶尖提早枯黄,碎裂成丝状。

发生规律 病菌以厚垣孢子在稻草上越冬,第二年夏季萌发,以28~30℃最适宜,萌芽后的小孢子借气流传播为害水稻。长江流域稻区在秧苗移栽返青后就可发生,八月份发生最盛。此病在土壤瘠薄、缺肥(特别是缺磷、钾肥)、水稻生长不良的田块发病较多;品种间的抗病性有明显差异,如长江一带早熟品种发病比晚熟品种多,两优品系感病尤重。

防治措施

(1) 及时处理有病稻草,重病田稻草做堆肥,必须充分腐熟后才可施用。

(2) 在发病较重的地区,要选用抗病力强,丰产性能好的品种。

(3) 底肥要足,追肥要适时,避免因缺肥而造成植株早衰;同时不要偏施氮肥,注意磷、钾肥搭配,提高稻株的抗病力。

(4) 药剂防治:化学农药一般可结合稻瘟病防治;土农药可采用0.5%石灰倍量式(即1份硫酸铜,2份石灰,400份水)配制成波尔多液,于水稻孕穗初期防治。

九、水稻紫秆病

水稻紫秆病又称条叶枯病、狭窄斑病、稻褐条病，能为害水稻的叶、叶鞘、穗和谷粒。病原为真菌半知菌类尾孢属。

症状识别 稻叶受害，起初出现红褐色到褐色短线状条斑，之后条斑变成纺锤形，内部灰褐色，边缘褐色，长5～10毫米，宽约1毫米。发生严重时，几个病斑相连，沿着中脉发展呈狭条形，可长达3.0～10厘米。叶鞘受害，症状大多表现在叶鞘与叶片连接处，特别是叶舌附近最容易感病，病斑形有关方面与叶片上的相同，常常连接在一起，形成大块紫褐色，造成叶片早枯，这就是"紫秆病"名的由来。穗部受害，病斑表现在穗颈和小枝梗上，初为红褐色短线状，后成灰褐色而枯死。严重时穗颈折断，导致成秕粒。这种受害穗颈和小枝梗很容易和穗颈稻瘟相混淆。谷粒受害，其症状不像稻叶和叶鞘那样严重，颖壳上的病斑很细，短线状，呈浅褐色，少数护颖和枝梗深褐色。

发生规律 水稻紫秆病的菌源主要是以菌丝体和分生孢子在稻草上越冬，病草还田成了病菌的侵染来源。病菌萌发适宜温度为25～28℃，对温度的抵抗力强。据湖北、江苏观察，在苗期就可感病，但在孕穗以前仅下部叶片发病。病情发展较慢；抽穗期间开始向上部叶片蔓延，个别叶鞘变紫色，腊熟期后，病情发展快，剑叶鞘穗颈普遍变紫色，导致剑叶早枯没有光泽。病菌从水稻气孔中侵入，顺着叶脉方向发展，引起狭窄条斑。田边发病轻重，与水稻营养关系很大；磷、钾肥不足时特别容易发病。

防治措施

（1）消除菌源：有病稻草不宜堆放在稻田附近，以免传播病害；不要用带病稻草扎秧把；如用做肥料，必须堆沤腐熟后才可施用。

（2）底肥要施足，要保障有机肥料，特别要适当多施磷、钾肥，促使稻株健壮生长，增强抗病能力。

(3)药剂防治:每亩用25%多菌灵可湿性粉剂100~150克,或每亩用70%甲基托布津可湿性粉剂70~100克,加水60千克,在水稻孕穗期喷雾一次。

十、水稻病毒病

水稻病毒病生发种类很多,为害最重的病毒病有普通矮缩病和黄矮病。前者是由黑尾叶蝉、电光叶蝉和大斑黑尾叶蝉传播引起,后者除由黑尾叶蝉传病外,还可由二点黑尾叶蝉传播发病。

症状识别

普通矮缩病	黄矮病
稻株矮缩,分蘖小而多,叶色浓绿,叶短而粗糙,质脆,僵直,还会出现与叶脉平行的黄白色断续斑点,叶片基部最明显。早发病的,植株显著矮缩,不能抽穗;晚发病的,有时只在新叶的叶鞘上呈现断续的黄白色条点或在后分蘖苗上发病,许多穗被包颈,抽不出穗,即使抽穗,穗形小,秕粒多。	发病初期,心叶或心叶下的稻尖端褪色,出现碎绿斑块,以后叶尖全部变黄,并向叶基部蔓延,但叶中脉仍保持绿色,形成明显的绿色条纹。发病后期稻株矮缩,株形松散,不再分蘖,病叶干枯纵卷,向旁边伸叉开,叶距缩短,叶枕重叠,叶片朝一边生长,形成错位。重病株不能抽穗。

发生规律 水稻感染病毒病的时期,主要是在秧田期和本田返青分蘖期。拔节期后不易感病,即使感病,发病也轻。秧田期感病的,全田病株分布均匀;本田初期感病,田中间发病较轻,边行较重。发病一般都是晚稻重于早稻。

病毒病的传毒介体是叶蝉。病毒在叶蝉体内或越冬卵内越冬,第二年带毒成虫迁入秧田和早栽本田时,将病毒带入田间即为初次侵染源,以后继续随各代带毒成虫或若虫扩散蔓延。病毒病的发生轻重，主要取决于带毒介体的数量和发生迁移时期。凡有利传毒介体发生的条件，都是病毒病发生的有利因素之一。冬春干旱温暖或上年治虫不力造成虫口基数大，在春季矮麦多，以及玉米、杂草发病重的条件下，传毒介体传播到水稻上的病毒源就多。此外，水稻品种抗病能力的强弱和栽培管理的好坏，也与发病轻重有密切关系。水稻播插早迟与稀密也影响发病轻重。

测报办法　如果前一年双季晚稻发病较重，再生稻发病普遍，黑尾叶蝉带毒虫体的比例增加，第二年双季早稻的发病就有加重的可能。在混稻区，如果早稻发病较重，第二、三代带毒的虫体增多，中稻和双季晚稻发病就有加重的趋势。据江苏经验，稻普通矮缩病的株发病率，双季早稻为2%～3%，晚稻就可能达20%。具体方法如下：

（1）秧田发病率，重点调查双季晚秧田。一般在拔秧前2～3天内调查，选不同播期，不同品种的秧田1～2块，每块查10点，每点查0.1平方米，分别记载两种矮缩病的病苗数，并抽查0.2平方米的总苗数，计算秧苗发病率。

（2）大田发病率，一般在乳熟末期进行。每季水稻选不同类型田各1～2块，以两段秧、四栽田为调查重点，采取平行跳跃式取样查200蔸，分别记载两病的病蔸数和病株数，并抽查其中10蔸的总株数，计算蔸发病率和株发病率。

防治措施　由于水稻病毒病一般是在苗期最容易感染，所以重点是尽早消灭黑尾叶蝉等带毒昆虫，预防秧苗侵染是防治的关键措施。

（1）消灭病源，及时抓好传毒害虫的综合防治，尽早消灭传毒害虫于秧田之外。特别要抓住黑尾叶蝉等带毒害虫的春、秋季飞迁时期，及时清除杂草，并用药防治田间、田边、沟渠、路边和稻草堆边的传毒害虫。治虫所用的农药和剂量可参照叶蝉和飞虱的防治方法。

（2）选用抗病品种，提倡生育期相同的品种连片种植。

（3）选好秧田位置，不能将秧田安排在紧靠麦地的地方。

(4) 秧田及时用药。当叶蝉迁入秧田时，要立即喷药防治，以后隔 5~7 天喷一次，直至移栽为止，比较集中地把传毒害虫消灭于秧田，可省工省药效果也好。

(5) 喷药后拔病株。在大田零星出现病株时，先向病株及周围的水稻喷药，围歼带毒害虫，防止扩散传病，然后立即拔除病株，带出田外烧毁，消灭菌源，控制蔓延。拔除后补上无病株，保证全苗。

(6) 加强肥水管理。不要让稻田积深水；漏水田足水勤灌，干干湿湿；看苗情施肥，不要猛追肥；有黑根的稻株，可混合磷肥追施，促使长出新根。

十一、水稻干尖线虫病

水稻干尖线虫病的病原是线虫，主要侵害水稻的叶子及穗部，受害后出现病害症状，所以称为线虫病。我国主要稻区都有不同程度的发生。

症状识别 秧田受害，一般在 4~5 片真叶时开始出现症状，叶片尖端约 2~4 厘米处逐渐卷皱，变色枯死。以后感病部位像纸捻子样，形成灰白色或淡褐色的干尖，与下面绿色部分界线分明，上面的干尖常在遭受风雨时折断脱落。在孕穗、抽穗至乳熟期，病株常在剑叶或第 2~3 片叶的尖端，出现黄褐色半透明的捻曲干尖。早晨露水多时，干尖可以伸开，露水干后又呈卷曲状。病株较矮，剑叶小而狭窄，穗短，粒少，瘪粒增多。

发生规律 线虫的幼虫和成虫潜伏在种子的颖壳和米粒间越冬。线虫能耐寒冷，在干燥谷粒内可存活三年左右；但不耐高温，在 54℃ 条件下 5 分钟即可死亡；在土壤中不能长期存活；在水中能存活 30 天。当浸种出芽时，种子内的成虫即可开始活动。带病种子播种后，线虫游离于水中，随着秧苗长出即侵入幼苗，潜存在叶鞘内，以吻针刺入细胞吸取汁液，致使被害叶片形成干尖状。随着稻株生长，线虫渐渐向上部移动。孕穗前期，线虫集中侵入穗部,先在茸毛间大量集中,为害幼穗颖壳,最后侵入内部繁殖为害。在秧田和本田初期,线虫可借灌溉水传到附近健株上,扩大为害,收获时线虫藏在饱满的病谷内。

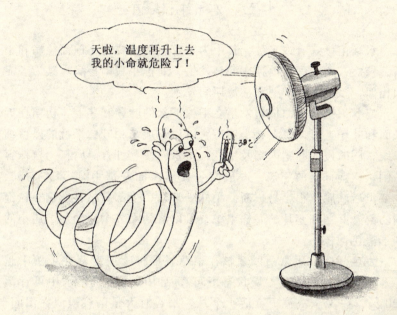

图 10　水稻干尖线虫,在 54℃ 高温下 5 分钟即会死亡

防治措施

(1) 严格检疫,禁止病区稻种外调;病区要有计划地建立无病种子田。

(2) 进行种子消毒:①用甲基异柳磷稀释 500 倍,浸种 48 小时,防效达 98.9%。②先将谷种在冷水中浸泡 24 小时,然后移入 45℃ 的温水中浸泡 5 分钟,再移入 55℃ 的温水中浸种 10 分钟,立即冷却,进行催芽。③用 0.5% 盐酸(含量为 35%~38% 的工业盐酸)浸种 72 小时,捞出后用水冲洗。盐酸液可连续浸种 5 次。④用 80% 敌敌畏 50 克,加水 50 千克,浸种 48 小时,捞出后用水冲洗,然后催芽。⑤巴丹原粉 6000 倍液浸 3 天。

(3) 搞好田间排灌，改串灌、漫灌为沟灌。

(4) 清除病源，将有线虫病稻谷的秕壳烧掉。

十二、水稻菌核病

水稻菌核病有许多种，其中为害较重的主要有小球菌核病和小黑菌核病，这两种病单独或混合发生，通称小粒菌核病。其为害症状相似，多在水稻孕穗和抽穗期间发生。

症状识别 稻菌核病发生在稻株下部的叶鞘和茎上，初期在近水面和叶鞘上形成黑漆状小病斑，以后长成与稻叶脉平行的黑色细条线，同时侵入叶鞘内部及茎秆，严重时使茎秆普黑腐朽，植株容易倒伏；茎秆上的病斑，一般发生在离水面基部10厘米左右处，先变黑后软腐，很容易拔断。稻株受害后，上部黄枯，影响谷粒饱满。剖开叶鞘和茎秆的腐朽组织，可以看到无数个比油菜子还小的圆形黑色菌核。

发生规律 病原菌以菌核在稻草、稻桩上或散落在土壤中越冬。据报道，菌核在干燥状态下可存活190天，沉在水中可存活320天，在35℃高温下存活4个月。割谷时大量菌核遗留在田间，第二年春耕灌水时，菌核浮出水面，以后附着在稻株上，在适宜的环境条件下，萌发菌丝，对近水面的茎和叶鞘进行初次侵染。长江流域一般在7、8月开始表现症状，9月下旬至10月为害最显著。病菌借水流、气流或稻飞虱等传播，使病害扩大蔓延。过迟或偏施氮肥，长期灌深水，排水不良或田间干旱缺水，特别是晚稻放水过早等，均有利于病害加重。

防治措施 （1）消灭菌源：一般发病不重的田块，采取齐泥或略带泥割稻。重病田块，将翻耕的稻根捡出田烧毁，病稻草分开堆放，切勿用于垫牛栏和还田作肥料。第二年春耕灌水整田时，在下风田边打捞菌核，集中埋掉。

（2）加强水肥管理：水稻孕穗后，注意浅水勤灌，防止稻田后期脱水过早；早施肥，多施磷钾肥。

(3) 药剂防治与施药适期：重病田拔节末期、孕穗期各施一次药；轻病田在孕穗期施药一次。主要药剂有井岗霉素、多菌灵、甲基托布津和稻瘟净等。施用石灰、草木灰也有一定防治效果。

十三、稻叶鞘腐败病

稻叶鞘腐败病，在主产稻区都有零星发生，近年来日趋加重，主要为害水稻剑叶的叶鞘部分，以孕穗期最为明显，对产量有一定影响，病原为真菌半知菌类顶柱霉属。

症状识别 水稻孕穗期在剑叶叶鞘上发生，病斑初为暗褐色，逐渐扩大成云纹状大形病斑，边缘深褐色或黑褐色，中间颜色较淡，严重时病斑可蔓延整个叶鞘，使幼穗全部或部分腐烂，形成半抽穗和不抽穗；即使能抽出全穗的，剑叶鞘也变成紫褐色，看上去像"紫秆"。湿度大时，在病穗颖壳及叶鞘内壁生有白霉，这就是病原菌。

发生规律 病菌在残存的稻草和稻桩上越冬，第二年浸入稻株。病菌的生长适宜温度在30℃左右；在水稻生育后期，植株生长势比较衰弱的情况下，病害发生较重，感病轻重还与品种有关，一般施氮肥多易倒伏的品种容易发病；孕穗期遭受螟虫为害的水稻常易感此病。

防治措施
(1) 选用抗倒伏的抗病品种。
(2) 加强肥水管理。
(3) 处理病稻草：重病田的稻草不能直接还田；用作堆肥的病草，须经充分腐熟后施用。
(4) 药剂防治：参照稻瘟病。

十四、稻曲病

稻曲病多发生在水稻收成好的年份，俗称"丰收果"，但近年来发生比较普遍，为害也较重。病原为真菌半知菌类绿核菌属。

症状识别 本病只在穗部发生，为害单个谷粒。病菌在颖壳内，把谷粒变为黄绿色或丝绒状近球形的"稻曲"。起初稻曲很小，病菌在颖壳内生长，以后撑开内外颖自合缝处外露，将整个花器包裹起来，表面光滑，外层包有薄膜，逐渐向两侧膨大，呈扁平的球状物，"稻曲"代替了米粒。随着稻曲长大，外面的薄膜破裂，颜色由橙黄转为黄绿，最后转为墨绿色（病菌的厚垣孢子）。最外面覆盖一层墨绿色粉状物，带黏性，不易随风飞散。

发生规律 病菌可由落入土中的菌核或附在种子表面的厚垣孢子越冬。第二年菌核萌发产生子囊孢子；厚垣孢子萌发产生分生孢子。均为初次侵染来源。子囊孢子和分生孢子都可侵害花器及幼颖，病菌早期侵害水稻子房、花柱及柱头；后期可侵害成熟的谷粒。病菌包围整个谷粒。据报道，稻曲病的发生和流行条件主要包括一定量的菌源，大面积种植感病品种，适宜的气候条件和较高的施肥水平等。后期田间湿度高，多雨，植株长势过于幼嫩，密度过大则更易发病。此外，栽种迟熟品种或插秧期过迟，都会增加感病的机会。

测报办法 据江苏报道，稻曲病菌侵入晚稻，一般在9月中、下旬，这个时期的雨温系数大小，对当年10月中旬病粒多少影响极大。

防治措施

（1）选择抗病早熟品种，避免使用红莲优6号等感病品种。

（2）种子处理可结合防治稻瘟病进行。

（3）加强栽培管理，掌握施肥适期，避免偏施和迟施氮肥。

（4）药剂防治：用药适期在水稻孕穗后期（孕穗分化第七期，即水稻破口前5天左右）。如需防治两次，可在水稻破口期（稻株破口50%左右）施药。齐穗期防效较差。①每亩用3%井岗霉素水剂150克，或每亩用50%多菌灵可湿性粉剂100克，兑水60千克喷雾。②每亩用30% DT 杀菌剂100~150克，在水稻孕穗后期喷洒一次，防效可达79.1%~96.4%，破口初期再喷一次，效果可达100%。③每亩每次用30%爱苗乳油15~20毫升，用水45~60千克喷雾，最好使用背负式喷雾器喷施药液，防效更佳。

十五、稻粒黑粉病

稻粒黑粉病又称稻黑穗病。在杂交稻制种田中特别严重，病粒率一般为10%~30%，严重田块病粒高达80%，不仅影响了制种产量，而且影响了大田种子的播种质量。但大田多发生在稻穗上部的个别谷粒上，一般每穗只有病谷1~5粒，很少达到10粒以上。病原为真菌担子菌纲腥黑粉菌属。

症状识别 本病发生在稻穗的谷粒上，病菌只为害米质部分，使米粒变成黑色粉末。病谷的内外颖间有一黑色舌状凸起，并有黑色液体渗出，污染谷粒外表。外部症状一般可分为三种类型：①病谷不变色，在内外颖合缝处开裂，伸长出白色舌状的米粒残留物，在开裂部位，黏附着散出的黑色粉末。②谷粒不变色，内外颖微微开裂，露出圆锥形黑色角状物，破裂后散出黑色粉末，黏附在开裂部位。③谷粒变暗绿色，不开裂，谷粒不充实，如青秕状，手捏有松软感，好像内部已腐烂；若用水浸泡病粒，则显黑色，可与健谷区别。

发生规律 病菌以厚垣孢子在土壤和种子内外越冬。厚垣孢子寿命很长，在贮存的种子可成活3年。对热的抵抗力也强，经55℃温汤浸种10分钟仍有生命力，越冬的厚垣孢子，第二年在适宜的温度下（20℃以上），萌发产生担孢子，随气流传播到正在开花灌浆的稻穗花部或幼颖上，萌发侵入，并在谷粒内繁殖，最后形成厚垣孢子，使谷粒变为黑粉，水稻从抽穗到乳熟，特别是在扬花阶段，遇到多雨天气，容易感病。

在杂交稻制种田，稻粒黑粉病发生的轻重与不育系（母本）有较大关系。不育系开花时颖壳开张角度大，开花时间长，柱头外露率高，最容易感病。开花期间如遇到连阴雨，温度在25~30℃，这种气候适合病菌的孢子发芽，有利于侵染为害。此外，如果施用氮肥过多、过迟，田间透气性差，湿度大，也有利于病菌的侵染。

图 11　稻粒黑粉病菌的厚垣孢子在土壤内外越冬

防治措施

（1）精选种子：在播种前用 10% 盐水选种，剔除浮在水面上的病秕粒。

（2）搞好种子消毒：①用 50% 多菌灵稀释 800 倍浸种。②用 2% 福尔马林溶液闷种（方法是先将种子放入冷水中预浸 1 天后，再放入 2% 福尔马林液中浸 20~30 分钟，取出堆在一起，然后用塑料薄膜或麻袋覆盖 3 小时）。③用 0.75% 硫化钾溶液浸种 24 小时。

（3）加强水肥管理：施肥措施做到节氮增磷钾。前促后控，特别是在抽穗期不要施氮肥；后期田间用水要干湿交替，做到适时晒田，降低田间湿度。

（4）杂交稻制种田要通过栽培措施，调整最佳抽穗扬花期，避免开花期受低湿阴雨的侵袭，错开易感病期。

（5）药剂防治：每亩用 20% 粉锈宁乳剂 100~150 毫升，或用

30%DT 杀菌剂 100 克，或用 50% 灭病威 75 克，兑水 60 千克，在始穗期用药一次即可；如用多菌灵，在水稻分蘖期和齐穗期各用一次，每亩用 25% 多菌灵可湿性粉剂 100 克，兑水 60 千克喷雾。

十六、稻云形病

稻云形病在湖北从 20 世纪 70 年代中期开始发生，以早稻和中稻"691"田发生量大。病原为真菌半知菌类喙孢属。

症状识别　稻云形病主要为害水稻叶片及叶鞘，初期在叶尖或叶缘发病，表现为水渍状病斑，然后病斑呈波浪状扩大，中部变淡灰褐色，边缘灰绿色，病缘灰绿色，病健交界不明显，后期病斑上形成许多明显的深褐色波浪形线条，形状像天上的云彩，故称云形病。幼苗受害后，引起稻株顶端干枯；叶鞘受害变成褐色。

发生规律　病原菌以菌丝在病稻草和稻谷上越冬，潜育期较长，第二年在水稻孕穗期表现出症状，尔后在病部产生的病菌继续扩展蔓延。在高温、高湿、多雨寡照，或雾露重的山区容易发病；植株密度过大，施氮肥过多过迟，低洼积水，以及长期灌深水的稻田，亦易诱发此病。

防治措施

（1）选用无病种子。

（2）播种前进行种子消毒，用 1% 石灰水浸种，注意水层表面要高出种子 10~15 厘米，浸后加盖不要搅动。

（3）要妥善处理发病稻草，若做肥料须经充分腐熟后再用。

（4）搞好水肥管理，中后期田间干干湿湿，避免灌深水，要特别注意勿偏施或迟施氮肥。

（5）药剂防治可结合防稻瘟病或白叶枯病进行，如用稻瘟净可兑水 600~800 倍喷雾；或用黑白灰（草木灰、石灰）1∶0.5，每亩撒施 25 千克。

十七、稻赤枯病

稻赤枯病俗称坐蔸或丝毛症，是一种常见的生理性病害，在水稻分蘖期较易发病。

症状识别 受害的水稻植株矮小、分蘖减少，最初叶片变为暗绿色，老叶尖端出现许多红褐色小斑，好像铁锈。病斑逐步向基部扩展，叶片枯黄，后蔓延至上部的叶片，远望如火烧，造成早期坐蔸。稻株根部灰黑色，发臭，新根极少。病根腐烂后，常在接近地面处生出短新根。中后期病情严重时，叶面形成大量不规则的红褐色斑块，叶片逐渐从下到上枯死，只剩植株顶部两、三片叶，影响抽穗灌浆，秕谷增多。

发生规律 赤枯病属于营养失调引起，土壤中缺钾、缺磷都可导致发病；土壤通气性差，大量施用未腐熟的肥料，容易产生有毒物质，使根部中毒变黑；长期积水的低湿田，土壤中氧气不足，还原性加强，产生较多的硫化氢和有机酸等有毒物质，使稻根中毒，降低吸收能力而诱发此病。

防治措施

(1) 适当提早翻沤绿肥，施用充分腐熟的有机肥料作底肥。

(2) 开沟排除锈水、冷水、改造冷浸田和烂泥田，改善土壤透气性；科学用水，做到浅水勤灌，适时晒田，促进稻株壮苗早发。

(3) 适时插栽，结合薅田追施速效性肥料；遇寒潮，注意灌水防寒。

(4) 缺钾肥的田块施钾和草木灰；缺磷肥的田块施过磷酸钙，每亩 10~15 千克；发生"肥噤"的田块，每亩撒石灰 15~25 千克。

十八、水稻其他病害

稻苗疫霉病

症状识别 真菌病害,主要为害秧苗叶片。起初在叶片上表现为黄白色圆形小斑点,迅速发展成灰绿色水渍状不规则条斑,发病急时,病斑扩大或相互愈合,病叶纵卷或倒折。湿度大时,病斑上形成白色稀疏的霉层,后变成灰白色,以至萎蔫死亡。

发生规律 秧苗3叶期最易感病;秧田淹水深灌串灌,施氮肥偏多,均有利于发病。

防治措施 秧田要每年更换,秧面要平,防止淹水、漫灌和串灌;发病秧苗于3叶期用50%多菌灵1000倍液或1:2:240波尔多液防治。

稻褐纹病

症状识别 真菌病害。主要为害将衰老的叶片及稻谷颖壳,病斑不规则形,边界不清楚,颜色呈深褐色,病斑大小不一,有些相似稻瘟病的病斑。

防治措施 处理有病稻草;药剂处理种子参照其他稻病。

稻叶尖枯病

症状识别 真菌病害。为害叶片,受害叶片尖端两边绿色先减退,后变为白色,病部边缘深褐色,无固定形状,后扩大成灰白色,后期在病斑部位生有小黑点。

稻叶鞘网斑病防治措施:处理病稻带药剂处理种子参照其他稻病。

发生规律 病稻草上的病菌成为第二年的初侵染源,在排水不良的田块发病重。

防治措施 处理病稻草可和防治稻瘟病同时进行,选用抗病品种；及时排水晒田。

稻谷枯病

症状识别 真菌病害。为害稻谷颖壳，初在尖端或侧面产生褐色椭圆形小斑点，边界不清楚，中央灰白色；散生小黑点，后逐渐扩展到谷粒大部分或全部；在稻株开花及乳熟初期受害，花器干枯，成为秕谷；乳熟后期受害，米粒变小，米质下降。

发生规律 花期遇雨发病重，施氮肥过多或用冷水、污水灌溉均有利于发病。

防治措施 选用无病稻种；用55℃温水浸种5分钟；避免用冷水、污水灌溉。

稻一炷香病

症状识别 真菌病害。水稻从幼苗到抽穗期都可受害。抽穗前，病株的剑叶和叶鞘上常发生与叶脉平行的白粉条状纹；抽穗时，穗的全部或部分小穗被病菌菌丝缠结成圆柱状，好像线香，所以称"一炷香病"，在颜色上也很奇特，病穗初抽出时为淡蓝色，后变成白色，表面散生黑色粒状物。

防治措施 禁止从病区调运种子；泥水或盐水选种可将病谷漂除；采用温汤浸种，先在冷水中预浸4小时，再在52～54℃温水中浸10分钟。

稻细菌性褐条病

症状识别 主要在水稻秧田期发生，早、中稻感病。先在叶片或叶鞘的中脉出现褐色小点，以后向上下延伸成紫黑色条斑，病斑常和叶片长度接近或相等，边界清楚。病株有恶臭，用手挤压有淡黄色混浊的菌液流出，这就是细菌。秧苗受害后不久，即枯死。

防治措施 种子消毒和药剂防治参照白叶枯病；建立排灌系统；避免洪水淹没稻田，防止深灌；撒施石灰或草木灰，每亩15～20千克。

稻细菌性条斑病

症状识别 稻叶片上形成水渍状小斑点，尔后扩大成暗绿色条斑，对光呈透明状，长约10毫米，宽约1毫米。病斑表面常分泌有许多黄色菌脓，长约10毫米，宽约1毫米。病斑表面常分泌有许多黄色菌脓，干结后呈黄色树胶状小粒。

防治措施 严格植物检疫制度，在引种前先了解发病情况，再决定调种，防止扩大蔓延；种子处理和药剂防治可参照白叶枯病；加强肥水管理，浅水勤灌，适时晒田，注意施肥，特别是氮肥不宜使用过多过迟。

细菌性褐斑病

症状识别 叶片上初为褐色条斑，周围有黄色晕纹，病斑中央灰褐色，数个病斑愈合成不规则的大斑，病斑上不产生菌脓。叶鞘、茎、穗及小穗梗也可受害。剥开叶鞘，茎上有黑褐色条斑。受害稻穗，一般多发生在抽穗后不久的稻壳上，初现灰褐色近圆形斑点，发生严重时，米粒上也有病斑。

防治措施 加强检疫，防止病区放大；选用抗病品种；处理带病稻草和种子消毒的方法参照稻白叶枯病。

十九、三化螟

三化螟俗称钻心虫，蛆打节，我国中、南部稻区均有发生。在湖北属重要害虫。俗语说"草怕断根，稻怕枯心"。说的就是三化螟的严重为害性。

形态识别 成虫是小蛾子，体长9~12毫米，前翅长三角形，翅中有一点黑点。雌蛾黄白色，前翅淡黄色，中部有一个明显的小黑点，后翅白色，腹部粗大，尾部有一撮棕色绒毛。雄蛾体较小，全身灰白色，前翅淡灰褐色，中央的小黑点较模糊，沿外缘有7~9个小黑点，后翅灰白色，腹部瘦小，尾部较尖。卵块椭圆形，表面盖有黄褐色绒毛,似半粒霉黄豆。幼虫乳白到淡黄绿色,背部中央有一条半透明的纵线;初孵幼虫称为蚁螟,体灰黑色,蛹长14毫米,圆筒形,黄绿色,后足超过翅芽。

图12 钻心虫幼虫

为害症状 三化螟只为害水稻,幼虫在秧田期和分蘖期为害,咬断心叶基部,使心叶失水纵卷,太阳一晒就发黄干枯,形成枯心苗,俗称"抽心死";孕穗期受害,造成死孕穗;抽穗期受害,造成白穗。由于一个卵块孵出的幼虫都在附近水稻上为害,所以造成的枯心苗和白穗形成团发生,小团块有帽子大,大团块有浴盆大,故称为"枯心团"。为害严重时,往往连接成片。

发生规律 三化螟遍布我国中南部稻区,每年发生的世代数,从南向北逐渐减少,长江流域每年发生3~4代。以幼虫在稻桩内越冬,第二年4~5月化蛹。在湖北第一代为害早稻或早栽中稻,形成枯心苗;第二代为害营养发育阶段的中、晚稻,形成枯心苗,为害迟熟早稻，形成白穗；第三代为害孕穗的中稻，形成白穗；第四代为害迟熟二季晚稻，形成白穗。其中以第三代数量最多，为害最重。各代螟蛾发蛾盛期：第一代 5 月上中旬，第二代 6 月下旬，第三代 7 月底至 8 月上旬，第四代 9 月上中旬。

成虫喜欢选择生长茂盛，叶色嫩绿的稻田产卵。一般同一生育期的水稻，在多肥的稻田产卵多于一般稻田。在同一稻区内，分蘖的稻田产卵多于秧田或圆秆拔节期的稻田；孕穗期的稻田产卵多于已抽穗的稻田。卵块产在叶片上，正反面都有。蚁螟孵出后爬行或吐丝飘移分散至邻近稻株，侵入为害。水稻分蘖期，蚁螟先侵入叶鞘，形成像葱状的"假枯心"，最后咬断心叶，形成枯心苗；孕穗破口侵入的蚁螟，咬断穗颈，形成白穗，幼虫老熟后，在稻茎内基部化蛹。

影响三化螟发生数量和为害程度的主要因素是气候条件，其次是耕作制度及人为防治因素等。冬季低温和春季多雨，使其大量死亡，减少有效虫源；夏季高温干旱，有利于其繁殖为害；冬种夏收面积大，增加越冬后的有效虫源；早、中、晚稻混栽，"桥梁田"多，发生为害加重。

测报办法

（1）查苗情和卵块密度，定防治对象田：在各代螟蛾盛发高峰期，即初见三化螟蛾子之后两个星期，凡是正在分蘖、孕穗至抽穗初期的稻田，每 10 平方米有 2 块卵的田或者在县、乡预报防适期内，调查每 300 苋有一个卵块，均应列为防治对象田。防治次数视卵量而定，一般每亩卵块在 200 块以下的防治一次，200～1000 块的防治二次，1000 块以上的防治三次。

（2）查假枯心团，定防治适期；当每 10 平方米有 2 个假枯心团即用药。卵量愈大，假枯心团愈多，愈要提早施药。防治一次的田块，一般掌握在破口稻株占 10%～20% 时用药，4～5 天后再治第二次。

防治措施

（1）减少越冬虫源：三化螟幼虫是在稻根里过冬。晚稻收割后有不少螟虫遗留在稻根里,这是第二年的主要虫源。预防方法:一是在收割时齐泥低割;二是冬种作物应安排在无虫或少虫的水田种植;三是春耕灌水的适期掌握在惊蛰前后,此时是幼虫萌动期,灌水淹没稻根保持7～10天,以便闷死虫子。

(2) 做好选种工作,提高种子纯度,使水稻生长整齐,抽穗期集中,缩短螟虫为害的时期,可减轻螟害。

(3) 剥卵块:在螟蛾盛发期,每天上午或下午朝着阳光方向采摘卵块,特别注意苗情嫩绿的稻田,剥下的卵块带出田外销毁。

(4) 药剂防治:根据虫情和苗情,确定防治适期,做到合理用药。常用药剂和每亩用量为:5%锐劲特悬浮剂50克,30%甲维·毒死蜱70毫升,25%杀虫双水剂250克,50%杀螟松乳剂150克,40%乐果乳剂100～150克,或用25%杀虫双水剂加Bt乳剂("82612")各100毫升。以上药剂均加水60千克喷雾。

(5) 土农药防治:①烟灰粉。原料:干烟茎叶、石灰。配法:将干烟茎叶磨成粉末,使用时加入石灰,用1～2千克干烟粉与2～4千克石灰混合均匀,于早晨撒粉,效果很好。②黄良水。原料:大黄(将军、黄良)、水。配法:大黄20千克,加水80千克,熬3小时后去渣即成。③桃叶水。原料:野桃树(毛桃)叶、水。配法:每千克桃叶加水3千克,揉搓取汗液,用纱布过滤即成。

二十、二化螟

二化螟也叫钻心虫,是一种分布广、食性杂的害虫,除为害水稻外,还为害小麦、玉米、高粱、小米、甘蔗、茭白等多种作物。

形态识别 成虫体长12～16毫米,前翅近长方形,外缘有7个小黑点,雌蛾体形稍大,前翅浅黄色,后翅白色,腹部纺锤形;雄蛾体形稍小,前翅黄褐色或褐色;中央有一个黑斑,下面有3个不明显的小黑斑,腹部细瘦,圆筒形。卵块长条形,卵粒呈鳞状排列,扁平椭圆形,初产时为乳白色,将要孵化时变为灰黑色。初孵幼虫淡褐色,末龄幼虫体长20～30毫米,背面有5条棕褐色纵线。

图 13　二化螟是一种食性杂的害虫

蛹棕褐色,长约 12 毫米,圆筒形,初为米黄色,腹部背面有 5 条棕色纵线。

为害症状　二化螟以幼虫为害水稻。分蘖期受害,虫子先吃叶鞘,造成枯鞘,俗称"剥壳死";后咬断心叶,造成枯心苗;孕穗、抽穗期受害,造成死孕穗和白穗;灌浆、乳熟期受害,造成半枯穗和虫伤株。低龄幼虫早期为害的稻株,叶尖焦黄,稻穗变枯白色,叶鞘上有水渍状虫斑;高龄幼虫转株为害,在灌浆期蛀入茎秆,吃掉肉质层剩一层皮,遇风吹折,造成倒伏或形成半枯穗。

发生规律　二化螟在我国一年发生 1～5 代,从北向南逐渐增多,长江流域稻区,一年发生 2～4 代。湖北一年发生 2～3 代,以第一、二代为害较重。第一代为害早插早稻或早插中稻,第二代主要为害中稻。各代发蛾盛期是:第一代 4 月上旬至 5 月上旬;第二代7月中上旬,第三代8月中下旬。

二化螟以幼虫在稻蔸或杂草内越冬,第二年气温达11℃时开始化蛹。螟蛾白天静伏在稻丛中,傍晚开始活动,有趋光性和趋绿性。雌蛾喜欢选择生长嫩绿、高大、粗壮的稻苗产卵。在水稻苗期,卵块多产在稻叶尖3.3~6.7厘米(1~2寸)以上的叶鞘上。蚁螟孵化后,在水稻分蘖期分散蛀入叶鞘,为害后形成枯鞘,7~10天后蛀入心叶造成枯心。圆秆以后,常十余头至百余头幼虫集中在叶鞘内取食叶肉,使叶鞘枯黄,形成集中受害株,两三天后分散蛀入稻茎造成枯心苗、虫伤株和白穗。幼虫对低温有很强的抵抗力,但对高温的抵抗力较弱。在35℃以上,幼虫发育不良。而中温多雨年份,发生为害较重。

测报办法 一年发生2代时,重点放在第一代上;一年发生三代时,重点放在第一、二代上。

(1)查苗情和枯鞘率,定防治对象田:查第一代,秧田主要查螟卵孵化高峰期(孵化率50%)未移栽的田;本田重点查已返青分蘖的早栽稻田。当枯鞘率达3%~5%时,定为防治对象田。查第2代,重点查孕穗到未齐穗的迟熟稻田,在螟卵孵化高峰期以内,凡抽穗不到80%的田块,均列为防治对象。或者每平方丈有2个枯鞘团(集中被害株),定为防治对象田。达不到防治指标的田,可以采取捉枯鞘团的办法。

(2)利用物候预报,据四川江油县经验,"蜜橘树开花,一代二化螟蛾羽化";"春蚕上梢,出现枯鞘"。此时开展普查。

防治措施 防治二化螟,不论是2代区或3代区,都要狠抓第一代防治。第一代治得彻底,就可以起到"压前(代)控后(代)"的作用。

(1)灌水杀虫:在第一代二化螟化蛹期灌深水10~15厘米,保持3~5天,杀蛹;在第二代低龄幼虫群集叶鞘期,灌深水2~3天,淹没叶鞘、杀死幼虫。

(2)拔除早期被害株:在早稻田,从蚁螟孵到幼虫转株前(一般在蚁螟盛孵高峰后3~6天),齐根拔除早期枯孕穗、白穗和中心虫伤株。

（3）药剂防治：防枯心苗，在水稻分蘖期，每10平方米有2个枯鞘团开始用药。防治白穗、虫伤株和枯孕穗，每10平方米有2块卵的田，定为防治对象田，其中有一块螟卵孵化时用药，第一次施药后10天，每10平方米仍有一块卵未孵化的田，再施第二次药。用药有以下几种方法：①喷粉：25%敌百虫粉，在分蘖期每亩喷1.5~2千克，孕穗期喷2~2.5千克。②泼浇：每亩用90%晶体敌百虫150克，或25%杀虫双200克，分别兑水300~400千克，进行分厢小桶泼浇。③喷雾：每亩用20%氯虫苯甲酰胺悬浮剂10毫升，或施用50%杀螟松乳剂，分蘖期每亩50克，孕穗期100克，或30%甲维、毒死蜱80毫升或5%锐劲特悬浮剂50克，25%杀虫灭水剂10ml各加水60千克喷雾。④撒毒土：用上述泼浇或喷雾所用药剂和药量，加细土15千克拌匀，撒到稻株中、下部茎秆上即可。⑤土农药防治：可参照三化螟用药。

二十一、大螟

大螟是一种杂食性害虫，除为害水稻外，还为害玉米、小麦、高粱、油菜、芦苇等多种作物。

形态识别 成虫灰黄色，体长12~15毫米，前翅近长方形，从翅基到外缘一条灰褐纵带；卵半球形，初产时为乳白色，后变褐色；卵块散产，常排成2~3行，上无覆盖物。幼虫体较粗大，长20~30毫米，头赤褐色，胸腹部淡褐色，背面紫黄色。蛹黄，体长13~18毫米，头胸部有白粉。

为害症状 大螟以幼虫为害水稻。分蘖期为害，造成枯鞘和枯心；孕穗期和抽穗期为害，造成枯孕穗和白穗；抽穗后为害，造成半枯穗和虫伤株。大螟的为害株与二化螟不同，由于虫体大，蛀孔也较大，孔缘粗糙，茎秆很软，茎内外蛀屑、虫粪很多，新鲜虫粪黄褐色，稀烂如糖浆。

发生规律 成虫有在田边稻株产卵的习性，一般产在近田埂

1.5~2米内的水稻上，虫口密度特别高。在玉米上，卵大多产在生长嫩绿、高大的植株基部第二、三片叶鞘内侧。初孵幼虫群聚于叶鞘内侧为害，到2~3龄，分散蛀入稻茎。卵孵化后的2~4天是枯鞘高峰期，13~15天是枯心高峰期。大螟食量大，常转株为害，造成大量枯心苗、死孕穗和白穗。幼虫越冬场所复杂，在玉米、高粱秆中、稻桩内和杂草根部均可越冬。冬季如果气温较高，幼虫可以活动取食。开春后气温回升，未老熟幼虫开始危害麦类，造成枯心、白穗，气温上升到10℃以上开始化蛹。发生代别，依地理纬度不同，一年发生3~7代，湖北一年发生2~4代，武汉成虫盛发期，第一代4月下旬至5月上旬，第二代6月下旬至7下旬，第三代7月下旬至8月上旬，第四代9月中旬。

测报办法

（1）查苗情，定防治对象田：凡是大螟盛蛾期内处于孕穗到未齐穗的稻田，枯鞘率达2%作为防治对象田。调查时，先查田边2米内的稻株，平行跳跃式取样，每排查5蔸，共查100蔸。再同样在田中间查100蔸。如田中间达不到防治指标，可以挑治田边。

（2）查变色叶鞘数，定药剂防治适期：选择生长茂盛、叶色浓绿的稻田，随机抽查近田埂边5~6行范围内的水稻，每块每次2点，每点查25蔸，共查50蔸，隔3天查一次，记载变色叶鞘数。当变色叶鞘稻株达3%时，即对田边稻株进行防治。

防治措施

（1）处理稻根及残株中越冬虫、蛹，结合防三化螟、二化螟越冬虫源，将稻根集中处理。

（2）拔除稗草，铲除田边杂草：拔稗草时期，应掌握在大螟产卵高峰以后到幼虫2龄之前，即尚未转移到稻株上以前。在这一时期内，结合积肥，及时铲除稻田边或玉米田边的杂草，也可防止一部分转移为害。

（3）拔除田间初期被害株：掌握在大螟幼虫大量转株为害之前，及早剪除水稻枯鞘株和枯穗苞，连续几次，对防止转移扩散有显著作用。

(4) 药剂防治：大螟的用药适期是孵化高峰期到幼虫 1~2 龄盛期，即在分散转株为害之前。如果盛孵期长，隔一星期再用药一次。每亩用 50% 杀螟松乳油 150 克，或 BT 乳剂 200ml 加 25% 杀虫双水剂 100ml。施药时要均匀周到。穗期施药集中到上部两个叶鞘；苗期施药时，田间应保持 3 厘米左右浅水。

二十二、稻纵卷叶螟

稻纵卷叶螟俗称小苞虫、卷叶虫、白叶虫，是一种发生很普遍的稻虫。除为害水稻外，还为害小麦、谷子等禾本科作物。

形态识别 成虫体长 7~9 毫米，浅黄褐色，前翅有 3 条暗褐色横纹，中间的一条较短；后翅的两条同色横纹与前翅两条相接。前后翅外缘都有暗褐色宽边。卵椭圆形、扁平，长约 1 毫米，中央稍隆起，初产时乳白色，后变淡黄色，散产在稻叶正面或背面。幼虫头部褐色，胸、腹部初为绿色，后变黄绿色，老熟时带红色，前胸背面中央有黑点 4 个，外面 2 个点延长成弧形，中胸背后有黑点 8 个。蛹圆筒形，尾部尖，初为淡黄色，后变为红棕色，羽化前金黄色，有白色薄茧。

为害症状 稻纵卷叶螟以幼虫为害稻叶。幼虫孵化后，先在心叶或心叶附近的嫩叶鞘里咬食叶肉，出现针头大小半透明的小白点；幼虫长大以后将单片和多片稻叶纵卷成管苞，在苞叶内吃叶肉，剩下表皮，形成长短不一的白斑，粪便堆积在卷叶里，严重时全叶枯白，受害重的稻田，远望一片白叶。

发生规律 稻纵卷叶螟在我国各地发生代数，自北向南逐渐递增，长江中下游每年发生 4~5 代。成虫喜欢在嫩绿茂盛、湿度大的稻田产卵，白天隐伏，多停伏于叶背，一遇惊动，即飞舞活跃。晚上活动，具有趋光性。在施肥不匀、叶片下披、生长特旺的地方，产卵多。成虫产卵和幼虫孵化的适宜温度为 22~28℃。在成虫盛发期间，经常阴雨，有利成虫产卵和卵的发育；在卵盛孵期间，天阴多雨，有利卵的孵化，容易造成为害。如果长期高温干燥，即使成虫发生数量较多，也不至造成严重为害。

测报办法 查小虫苞，定防治对象田，在主要危害世代发蛾高峰期以后，抽查几块叶尖嫩绿的稻田。查成虫时，每块田查半亩，用小竹竿拨动稻株，逆风前进，边走边拨，计算起飞成虫数。每隔3天查一次。成虫高峰期出现后，隔10天即为低龄幼虫期。

防治指标是：当100蔸水稻有初卷小虫苞50个时，定为防治对象田，并立即施药防治。

防治措施

(1) 消灭越冬虫源：冬春结合积肥，铲除田边、沟边、塘边等处杂草。

(2) 科学施肥：做到施足底肥，巧施追肥，不过多、过迟施用氮肥，避免水稻贪青徒长而诱导成虫集中产卵为害。

(3) 药剂防治：每亩用20%氯虫苯甲酰胺悬浮剂10毫升，或者20%杀螟松每亩120毫升或25%杀虫双水剂150毫升，或90%杀虫单可溶性粉剂40克，或用42%特杀螟可湿性粉剂加10%吡虫啉可湿性粉剂20克，或40%乙酰甲胺磷乳剂75毫升，或90%晶体敌百虫100克。以上药剂，任选一种，加水60千克喷雾；或加水300~400千克泼浇，或加水5~7千克低溶量喷雾。

二十三、稻褐飞虱

褐飞虱俗称蠓子、稻虱子、火蠓，在长江流域以南发生严重，过去主要为害中、晚稻，近年来有时早稻亦受害。

形态识别 成虫有长翅型和短翅型两种。长翅型长虫茶褐色或黑褐色，体长4~5毫米，梭形，前翅超过体长；短翅成虫黄褐色，体形像虱子，前翅短，达不到腹部末端，雌虫腹部特别膨大，雄虫体形细小。卵长椭圆形，稍弯曲，形状像茄子，初产时乳白色，后变淡黄色，并出现1对紫红色的眼点，卵粒排列成条，前端相互紧靠，每卵条约7~10粒。初龄若虫黑褐色，以后逐渐变为黄褐色，近椭圆形；3龄后第四至第五腹节背面有蜡质白斑；若虫落水时后足向左右伸成一直线。区别若虫龄期可按虫体大小判断：一龄如灰尘；二龄如鲤鱼籽；三龄如油菜子；四龄如芝麻；五龄如小半颗米。

为害症状 褐飞虱为害分蘖期水稻，圆秆拔节到乳熟末期更易受害。孕穗前后稻株受害，开始是在下部叶鞘上出现产卵痕和刺伤点，以后叶色发黄，生长低矮，直至茎下部变黑发臭、叶色枯黄，导致枯孕穗和缩颈穗，即使抽穗，也多是小穗和秕穗。乳熟末期的稻株，开始在中下部叶鞘或穗颈上出现产卵痕和刺伤点，以后叶色灰绿，植株倾斜，最后叶色灰枯，瘫痪倒伏；严重时全田荒枯，像散乱的旧屋草一样，严重影响产量。

发生规律 稻褐飞虱每年初次虫源是从南方远距离向北迁飞，在长江流域主要为害中稻、糯稻和晚稻。夏末秋初，即7月下旬至8月中旬，旬平均气温低于28℃，昼夜温差较大，预兆中稻飞虱将有大发生的可能。如果这一代虫情掌握不准，防治不力，或在9～10月上旬遇到气温回升，昼夜温差增大，晚稻上就可能发生重。稻田深灌、漫灌、长期积水，或地势低洼、排水不良，以及施肥不当，稻叶茂密嫩绿，封行过早，行间不通风，田间湿度大，都有利于飞虱生存和繁殖，此时短翅型成虫发生数量往往较多，水稻特别容易受害。

测报办法 根据县、乡预报，选择常年发生有代表性的田块，每5天调查一次，采取盆拍法。调查时，手拿白面盆盛少量水，斜放在稻蔸下部，再用另一只手拍稻株2～3下，每点拍5蔸，拿起面盆记载虫数。每块田查5点，共查25蔸（水稻孕穗期以后，每点拍2蔸共10蔸）。防治标准：水稻分蘖期10蔸虫量100头以上，孕穗至抽穗期10蔸总虫量在150头以上；水稻齐穗至灌浆期10蔸总虫量在200头以上。

防治措施

（1）加强田间管理，做到浅水勤灌，适时晒田，合理施肥等，以促进水稻正常生长，避免徒长，贪青，抑制飞虱生长繁殖。

（2）避免使用剧毒农药，保护、利用天敌，如捕食蜘蛛、寄生蜂等。

图 14 稻褐飞虱每年的初次虫源是从南方远距离向北迁飞

(3) 药剂防治:采取"压前控后"措施,即抓好主害代的前一代防治,在大发生和特大发生年份,不但能有效地控制主害代暴发,而且保产效果好。施药总的要求是将药剂喷到稻株下部,确保药剂接触虫体。施药时期宜掌握在二、三龄若虫高峰期。施药方法要根据苗情、虫情和水情决定;在田间有水层的情况下,对生长低矮稀疏的稻田,泼浇、喷雾、喷粉均可;对生长高大、茂盛田块,宜采用大水量泼浇或分厢喷粉为好;如田中无水层,可采用敌敌畏毒土熏杀或分厢喷粉。可供选择的药剂有:①80%敌敌畏乳油2000倍液粗点喷雾;或用100毫升,兑水1千克,拌细土20千克撒施。②每亩用10%扑虱灵可湿性粉剂15~25克加水60千克喷雾。③每亩用75%叶蝉散可湿性粉剂20~25克加水60千克,或10%大功臣可湿性粉剂10~20克,充分搅拌后喷雾;或每亩用4%叶蝉散颗粒剂2~2.5千克撒施;也可每亩用75%叶蝉散可湿性粉剂150克,拌10~15千克过筛干细土水面撒施。④每亩用25%吡蚜酮可湿性粉剂25~30克,在褐飞虱发生初期喷雾使用。

（4）土法防治：在水源方便的地区，每亩用废柴油、废机油或煤油 0.5～0.75 千克，在水稻孕穗以前，选晴天午后 1～2 时，将油灌入有小孔的竹筒内，均匀地滴入田水中（或者将油掺 10 千克细土拌和均匀，做成油土，撒入田中，田水保持 3～5 厘米深）。滴油完毕，在田两头拉绳子，或用竹竿震动稻株，使飞虱落水，触油而死。滴油后 2～3 小时排油水，另换清水，以免发生油害。

二十四、稻白背飞虱

稻白背飞虱俗称蠓子、火蠓、化秆虫、稻虱子、蚰虫，也是一种远距离迁飞害虫，四川、湖北、安徽、江苏、浙江等省虫源都是从南方随气流迁入的。一般迁入时间比褐飞虱早。主要为害早稻和中稻，是水稻分蘖期间的一大害虫。

形态识别　成虫也有长、短两种翅型。长翅型成虫体长 4～5 毫米，淡黄色或黄白色，头顶显著突出。中胸背面有一块黄白色的五角形斑纹，雄虫两侧黑色，前端相连，腹部黑褐色；雌虫两侧暗褐色，前端不相连，腹部淡褐色。短翅型成虫像虱子，体长 3.5～4 毫米，腹部肥大，翅长仅及腹部的一半，中胸背面的长五角形斑纹为白色，两侧淡灰色。卵与褐飞虱卵相似，形状像茄子，但顶端较尖，卵条前端的相互紧靠。初龄若虫灰白色，橄榄形，头和尾较尖，3～5 龄体灰黑色，有翅芽，第三、四腹节背面各有 1 对乳白色的三角形斑纹，落水时左右后脚伸出呈一直线。

为害症状　白背飞虱的成虫和若虫群集在稻株下部取食为害，稻苗受害，先在叶鞘上出现许多水渍状黄白色小斑点，叶尖发黄，以后发展为褐色长条，分蘖减少，空壳率增加，严重时水稻茎下部变黑褐色，全叶变棕红色，成片倒伏，直到枯死。被害稻田，先在田中间出现黄塘，逐渐发展成枯黄色凹塘。

发生规律　白背飞虱与褐飞虱不同之处，在大发生年份，成虫迁入以后的下一代就能暴发为害，威胁水稻全苗足苗；有些年份在穗期与褐飞虱一起为害。在长江流域，白背飞虱迁入后二、三代会造成为害。在成虫迁入量特大的年份，繁殖一代后即可成灾；迁入较多的年份，经过下一代繁殖后，到第三代可能大发生。在湖北，受害盛期在7~8月水稻分蘖盛期，植株嫩绿的稻田最易受害。梅雨期间如果连续阴雨，雨日多，雨量大，出梅以后又突然干旱，即"湿黄梅，长伏旱"，是白背飞虱大发生的气候预兆。长翅型成虫有趋嫩绿和趋光习性。一天中以上午10时至下午3时活动最盛，多在稻株茎秆和叶背面活动。

测报办法

（1）查虫龄，定防治适期：根据县、乡情报，在第二代若虫孵化后开始调查。调查方法和褐飞虱相同，分蘖期水稻耐虫性差，防治适期应适当提前。虫量大时（平均每蔸超过15头），第一次在1~2龄若虫盛期用药，隔8~10天再用第二次药；虫量一般时（平均每蔸在8头左右），可在2~3龄若虫盛期用药一次。

（2）查虫量，定防治田块：在防治适期内，及时对面上田块进行普查，确定防治田块。在秧田，平均每0.1平方米有白背飞虱10头以上，在水稻分蘖期到圆秆拔节期，平均每10蔸有虫80头以上；在孕穗期至抽穗期，每10蔸有虫130头以上，定为防治田块，并立即用药防治，不足以上标准的田块，可以结合其他稻虫兼治。

防治措施

（1）加强农业防治，合理施肥，科学管水，使分蘖期水稻叶色正常，不过绿贪青，叶身适中，不披叶。在若虫孵化盛期，排水薅秧晒田，可杀伤部分若虫。

（2）保护利用天敌，方法与褐飞虱相同。

（3）药剂防治：白背飞虱用药剂防治的策略是狠治主害代。防治时间一般掌握在秧苗期和分蘖期。在施药方法上比较广泛，稻苗矮小的，喷雾、喷粉、泼浇等方法都可以；分蘖盛期以后，除喷雾外，其他方法也都适用。每亩用药量可少于褐飞虱，一般可减少1/3。药剂种类和用药方法可参照褐飞虱。

二十五、稻叶蝉

稻叶蝉又名浮尘子，俗称水蠓子、小蚱蜢。常见的有黑尾叶蝉、白翅叶蝉，电光叶蝉和大青叶蝉。同属于叶蝉科。是水稻上一种常见害虫，各地都有一种或几种不同程度的发生。现主要介绍黑尾叶蝉和白翅叶蝉。

形态识别 黑尾叶蝉：成虫体形像"知了"，能飞善跳爱扑打。体长4.5~5.5毫米，黄绿色或绿色。雌虫前翅尖端黄褐色或灰白色，雄虫前翅尖端黑色。卵似子弹形，中间微弯，初产时白色半透明，以后变淡黄色，近孵化时，一端显现出1对红色的眼点。卵粒单层整齐排列成块，每块数粒至20余粒。雌若虫黄色和浅黄色，雄若虫灰黑色。后胸背面各有1列褪色倒"八"字纹。

白翅叶蝉：成虫体长3~3.5毫米，头胸部较宽，橙黄色，前胸背板中央有2个灰白色的龟裂斑纹，裂纹两侧各有1个白色的小点。前翅白色，半透明，有虹彩反光。卵瓶状，长约0.65毫米，白色，顶端稍细小。若虫淡黄色，体表有不规则形的绿色碎斑，腹背有刺毛。

为害症状 稻叶蝉成虫和若虫都能为害水稻。若虫常群集于水稻茎基部，刺吸汁液，造成棕褐色斑点；成虫刺吸稻茎和叶片，造成白色斑，严重时植株茎秆下部变黑，叶尖枯黄，以致整株枯死，呈火烧状。在水稻抽穗灌浆期，叶蝉大部集中到穗部取食，形成半枯穗和白穗。此外，黑尾叶蝉还传播水稻普通矮缩病、黄矮病和黄萎病等。

发生规律 黑尾叶蝉以若虫和成虫在紫云英田以及田埂边、沟塘边的杂草上越冬。第二年春，成虫陆续迁飞到秧田产卵为害。紫云英田、秧田和晚熟双季稻田是黑尾叶蝉的主要虫源田。这些田块，在翻耕、收割或拔秧时，如果邻近稻田已经栽插，黑尾叶蝉就可越过田埂，被迫迁入，先在边行为害，以后再向田中扩散；如果没有移栽或出苗，就先迁到埂边杂草上歇脚，以后再迁入为害。所以在同一片的稻田范围内，两种茬口交界处的田块，虫多病重；同一块稻田内，边行的稻苗比田中的稻苗虫多病重。成虫有飞向嫩绿稻苗产卵为害的习性。在各代成虫盛发期间，叶色嫩绿的稻田往往成虫多，以后矮缩病亦重。冬季和早春气温偏暖，寒流次数少，持续时间短，不但有利黑尾叶蝉越冬，还有利病原在虫体内增殖。伏天和秋季久晴少雨，黑尾叶蝉大量繁殖，也是虫害大发生的预兆。

白翅叶蝉以成虫在麦田、绿肥田以及田边、沟边、塘边等禾本科杂草上越冬。在越冬期间，抗寒性不强，若冬春季霜冻多，越冬成虫死亡率较高；反之，冬季及早春冰雪少，2～3月份气温偏高，越冬成虫死亡率低，虫口基数大，是虫害大发生的基础。适温、高湿对其繁殖有利：凡5、6月雨水较多，或8、9月温度偏高，并有一定降雨量，当年有虫害大发生的可能。

测报办法　在稻叶蝉各次发生高峰期，选本地不同稻型、不同肥力水平的稻田2～3块，以确定本地应防治的田块和用药日期，调查方法：每次调查时手拿白面盆，盛少许水，将盆斜放在稻蔸下部，再用另一手拍稻株2～3下，将稻叶蝉拍入盆内，计数总虫数。每块田调查5点，每点拍查5蔸，共25蔸（水稻孕穗期以后，每点拍查2蔸共10蔸）。一般上午调查，结果比较正确。

防治指标　早稻秧田期每0.1平方米1头以上；移栽到分蘖盛期每蔸2头以上；分蘖盛期以后每蔸4头以上。中稻和一季晚稻，秧苗期每0.1平方米2头以上；移栽到分蘖盛期每蔸3头以上；分蘖末期到孕穗期每蔸5头以上；孕穗期以后每蔸8头以上。

防治措施

（1）农业防治：冬春季结合积肥，铲除田边、沟边、塘边杂草。

（2）家庭若养鸭，薅秧完毕放鸭下田。

（3）药剂防治：①每亩用2%叶蝉散粉剂2千克喷粉；或用20%叶蝉散胶悬剂150克，加水60千克喷雾。②每亩用80%敌敌畏乳油100克，加水400千克泼浇。③40%乐果乳剂稀释800～1000倍液喷雾。④每亩5%锐劲特悬浮剂40克；加水60千克喷雾。

(4)土农药防治：①松针水。配法：松针10千克，加开水10千克，密闭浸泡2小时过滤。用过滤液加适量水喷雾。②滴油扫杀。在水稻分蘖期，每亩用轻柴油或煤油1~2千克，装入底部有小孔的竹筒内，分行滴入稻田水面；或同样剂量拌干净细沙20~25千克，均匀撒于水中，待油扩散后即用竹竿或树枝来回扫动稻苗，使叶蝉落水触油而死。一次滴油，多次扫杀可提高防治效果。滴油时稻田水深应保持3~5厘米。扫杀后应换入清水，以免影响水稻生长。

以上施药方法，均应先从稻田四周开始，由外向内，实行围歼。

二十六、稻秆潜蝇

稻秆潜蝇又称稻秆蝇，在我国长江以南均有不同程度发生，湖北主要发生在鄂西南山区。稻株从苗期至孕穗期均可受害，部分杂交稻苗被害率高达70%~80%。

形态识别 成虫是一条鲜黄色的小蝇，体长2.5~3毫米，头部腹眼之间有1个三角形黑斑；胸部背面有3条黑色粗大的纵纹，其两侧尚有短而细的黑色纵纹；翅透明，翅脉褐色；体腹面呈淡黄色。卵长约1毫米，长椭圆形，初产时白色，近孵化时变灰白色。末龄幼虫长7~8毫米，白色或淡黄色，表面有光泽；尾端分2个叉，像一对夹子，是后气门。蛹长约6毫米，淡黄褐色、扁平。

为害症状 幼虫孵化后蛀入稻茎内为害心叶、生长点或幼穗，苗期受害后，被害稻叶上可看到若干条细长并列的裂缝，轻者生长势弱，植株较矮；重者心叶枯萎，组织被破坏，并有腐臭味，分蘖增多。孕穗期被害，穗形扭曲，部分穗不实，严重受害时，穗呈白色；抽穗后直立不弯头，与螟害白穗相近似。

发生规律 稻秆潜蝇卵的孵化和幼虫入侵，与降雨和温度密切相关，产卵期间若遇雨水较多，湿度较大时，孵化率高；反之，孵化率降低。6月中下旬至7月初，降雨天数多，幼虫钻入率高；高温干旱，钻入率低；水温低，凉爽潮湿、多雾有利发生，冬暖夏凉发生重。成虫有趋向荫蔽处产卵和停歇的习性；氮肥过多，叶色浓绿稻田，成虫喜栖息产卵，被害较重。不同播插期的稻田受害程度不同，早稻早插田、禾苗生长旺盛的田常发生多，为害重；迟插早稻受害较轻。

防治措施

（1）冬春结合积肥，铲除田边、沟边的看麦娘、游草、棒头草等禾本科杂草，以压低当年的虫口基数。

（2）栽种中稻的地区，适当选用早熟中稻品种，使之提早抽穗，避过第二代幼虫为害幼穗的时期。

（3）成虫发生期，用毒饵诱杀。配制方法：糖 0.5 千克，水 1.5~2.5 千克，加入 80% 敌敌畏 5 毫升，蘸在松柏枝上，分散插在秧田中诱杀，或 3% 克百威（喃丹）颗粒剂每亩 2.5~3 千克根里施药，或拌湿细土 20 千克撒施。

（4）在卵孵盛期，每亩用 40% 乐果乳剂 100 毫升或 50% 杀螟松乳剂 100 毫升，加水 60 千克喷雾。

二十七、稻蓟马

稻田蓟马有几种，但为害较重的是稻蓟马，是水稻苗期和分蘖期的重要害虫。除为害水稻外，还为害小麦、玉米等禾谷类作物。

形态识别 成虫黑褐色，体长 1.2~1.3 毫米，针头粗细，形状像小蚂蚁；有两对灰白色羽毛状翅，狭长；头部近似方形，两复眼间有"品"字排列的单眼 3 个；腹部两头小，中间大末端的中央有数根刺毛。卵长椭圆形，初产时乳白色，后为淡黄色，散产于叶片表皮组织内，对着光可以看见。若虫体形像成虫，但无翅，体长约 1 毫米，黄绿色。

为害症状 稻蓟马主要为害秧苗和大田分蘖期的稻株，以成虫和若虫群集于叶耳、叶舌和心叶内，用它像锉子一样的嘴巴，锉破稻叶，吸取汁液。受害部分开始出现小黄点，以后叶面出现花斑。

稍大的若虫多集中在叶尖部分为害，使叶尖卷缩枯黄。受害秧苗返青慢，萎缩不发，好像"坐蔸"一样。严重田块一片枯黄，犹如火烧似的。穗期转入颖壳内为害子房，造成瘪粒。

发生规律 稻蓟马生活周期短，发生代数多，而且世代重叠。湖北5月份早稻受害。6月到7月上旬是为害盛期，尤以双季晚秧田最重。成虫有明显的趋嫩绿稻苗产卵的习性。秧苗二叶期开始见卵，三叶期卵量渐增，三至五叶期虫量集中，卵量最多。水稻圆秆期前，心叶下第一、二叶产卵最多。稻蓟马的生长和繁殖适温范围为 10～30℃，最适温度为 15～25℃。冬春气候温暖，有利于稻蓟马的越冬与提早繁殖。长江流域"出梅"之后，7月中旬以后高温，稻蓟马的繁殖受到抵制，成虫、若虫和卵的数量都显著下降。

测报办法 据四川经验介绍，稻蓟马的测报采用"三查两定"方法：

（1）查苗情，定防治适期：在秧田，早稻在五叶期左右，中稻在四叶期左右，晚稻在三叶一心到四叶期；本田在分蘖初期到盛期。这些时期，正是稻蓟马若虫初盛孵期，亦即防治适期。

（2）查虫数、查叶尖，定防治对象田：于4月中旬开始，选择多肥嫩绿的秧田3块和分蘖期的本田5块以上，每块田查5点。秧田每点查20株，共查100株；本田每点查5～10蔸，共查25～50蔸。每5天查一次。检查的方法是：先用田水把手打湿，然后抹动秧苗，翻看手心黏着的稻蓟马数，再检查叶尖初卷的株数（本田还要同时抽查5蔸稻的分蘖数，推算调查稻蔸的总株数）。当秧田每100株有成、若虫200头以上，或有卵300～500粒，或初卷叶尖率达5%～10%；本田分蘖期每100株有成、若虫300～500头，或初卷叶尖率达10%左右时，定为防治对象田，并立即进行防治。

防治措施

（1）结合冬季积肥，铲除田边、沟边和塘边杂草，消灭越冬虫源。

（2）保护利用稻田蜘蛛等天敌，抑制水稻蓟马的发生数量。

（3）早施、重施分蘖肥，促使分蘖早、生长快，可减轻为害。

（4）药剂防治：每亩用40%乐果乳油50毫升，或10%大功臣可湿性粉剂10～15克，或用90%晶体敌百虫50克，或用50%杀螟松乳油75毫升，或用50%马拉硫磷乳油75毫升。这些药剂可任选一种，按每亩用药量，加水60千克喷雾，或加水5～7千克低溶量喷雾，也可用40%乐果或90%敌百虫50克，加水75千克，在秧苗移栽时浸秧尖，浸后堆闷1小时，效果更好。

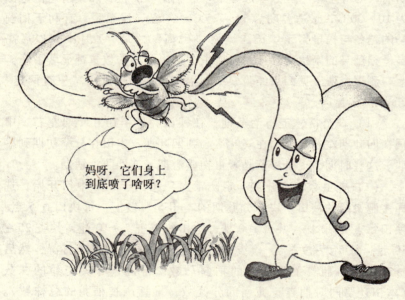

图15　用药剂防治稻蓟马

（5）土农药防治：烟草石灰水。原料：烟叶、生石灰水。配法：先用少量热水把0.5～1千克生石灰化开，倒入40千克清水中，滤去渣子做成清石灰水。再把1千克烟叶撕碎用10千克开水浸泡加盖盖好，等热水不烫手时（约20℃），把浸透的烟叶用手揉搓，将烟叶汁揉出，然后捞出烟叶，放在另外10千克水中继续揉搓，直到没有烟叶揉出为止。将两次揉浸的烟叶汁倒入石灰水中即成,加适量水喷雾。不仅防治稻蓟马效果良好,而且对螟虫和蚜虫也有较好效果。

二十八、稻苞虫

稻苞虫俗称青虫、结苞虫、苞叶虫等。种类很多,其中以直纹稻苞虫为主。除为害水稻外,也可为害大麦、茭白、芦苇等。这里只介绍直纹稻苞虫。

形态识别 成虫体长17~19毫米,翅展约40毫米,体背及翅正面黑褐色,有金属光泽。前翅有白色半透明斑纹7~8个,排列成半环形,后翅上也有同样斑纹4个,排成一条直线,故名直纹稻苞虫。卵半球形,顶端略凹,表面有六角形细纹,初产时淡绿色,后变褐色至紫黑色。老熟幼虫绿色,体长35~40毫米,两端细,中间肥大;头比胸部宽长,呈黄褐色,正面中央有一"W"形纹。蛹黄褐色,长约25毫米,近纺锤形,第5、6腹节中央各有一个倒"八"字形褐纹,体表常有白粉,外有白色薄茧。

为害症状 稻苞虫以幼虫吐丝叶作苞,少则数叶,多则十几片叶结在一起。幼虫白天在苞内蚕食稻叶,晚上或雨天爬出苞外吃其他叶片,一苞中的叶片吃光或受惊后逃跑,可重新打苞继续为害。一条幼虫一生可吃稻叶十多片。水稻分蘖期受害,植株生长矮小,穗短粒小;孕穗期受害,叶片结苞,使稻穗无法抽出;即使抽出,也大多卷曲,影响开花结实。

发生规律 直纹稻苞虫发生的适宜温度为24~30℃,相对湿度在75%以上。夏季多雨,温度偏低,有利于稻苞虫的发生。农谚说"忽晴忽雨,容易发生结虫","吹东南风,下白昼雨,稻苞虫大发生","大水之后,稻苞虫大发生"等,反映了稻苞虫的发生与气候有密切的关系。发生较重还与稻田周围环境有关。靠近池塘、水沟、荒湖等处的稻田发生严重;植株生长茂密、叶色嫩绿的田块,落卵量大,幼虫成活率高,受害也重。

成虫白天活动,在分蘖、圆秆期,成虫喜欢到生长旺盛、叶色浓绿的水稻上产卵，晚上静伏栖息；幼虫在晴天阳光强烈时，躲在虫苞内不活动，太阳偏西后开始活动，傍晚离开虫苞外出食叶，阴雨天可全天取食。湖北一年发生5代，主要是第3代为害重，成虫盛发期在7月中旬左右，受害对象是中稻和一季晚稻。

测报办法

（1）查卵量、幼虫量，定防治对象田：根据县站预报，在成虫盛发期，重点调查叶色嫩绿、生长茂盛的稻田3~4块，并抽查一般叶色、生长较差的稻田1~3块，每块田调查5点，每点查水稻5蔸，共查25蔸，每5天调查一次，共查2次。凡100蔸水稻上有卵10粒以上。或分蘖、孕穗期有幼虫10头，圆秆期有幼虫20头的田块，定为防治对象田。

（2）查幼虫龄期和虫苞，定防治适期：选择产卵较多的稻田，固定面积，每隔3天查一次，共查2~3次，当查到低龄幼虫（长度在一颗米之内）占幼虫总数的一半左右时，或每100蔸水稻有初结虫苞（叶片半边卷合，或一片叶纵卷）5~10个时，即为防治适期。

防治措施

（1）清除虫源：结合冬春季积肥，清除田间稻蔸以及田边、沟边杂草和落叶，消灭越冬幼虫和蛹。

（2）幼虫大量发生时，可用人工摘除虫苞，集中处理；或用拍板拍杀。

（3）稻苞虫的天敌很多，如稻螟赤眼蜂、小茧蜂、蜘蛛、青蛙等，要加强保护和利用。

（4）药剂防治：①每亩用50%杀螟松乳剂75毫升，或5%锐劲特悬浮剂40克，或用25%杀虫双0.25千克，或用90%晶体敌百虫100克，或用80%敌敌畏乳油100毫升，加水60千克喷雾。②用50%西维因可湿性粉剂加水稀释300倍液，或50%杀螟睛乳剂750倍液，每亩用60千克药液喷雾。

二十九、稻象鼻虫

稻象鼻虫又称稻象虫、稻象甲。成虫除为害水稻外，也为害棉花；幼虫仅为害水稻。成虫害叶；幼虫害根。以幼虫为害较重。

形态识别 成虫是小甲虫，体长5毫米，头顶向前突出，细长如象鼻，全身表面有硬壳，灰黑色，每一翅鞘上有10条纵沟，在2、3纵沟之间的后方，有一长形白色小斑。卵细小，椭圆形，初产时白色，近孵化时淡黄色，半透明，有光泽。卵产在水稻下部茎里。末龄幼虫长约9毫米，头部褐色，胸腹部乳白色，体肥多皱纹，无足，身体稍向腹面弯曲。生活在水稻须根间。蛹体末节有肉刺1对，体长约5毫米，先是乳白色，后变灰色。

为害症状 稻象鼻虫成虫蛀食秧苗，在新叶上出现横排孔洞，折断秧叶，漂浮水面；受害轻的秧苗，生长迟缓。幼虫在水里为害稻株幼嫩根系，受害较轻时，叶尖发黄，抽穗不齐整，青穗和秕谷增多；受害重时，全株发黄，萎缩不长，甚至不能抽穗。

发生规律 稻象鼻虫在湖北一年发生1代，大部分以幼虫在土下3~7厘米的稻桩须根间越冬，成虫于第二年春4月底出现，为害盛期在6月至7月上中旬。7月底，当年的一部分幼虫化蛹和羽化成虫，大部分以幼虫越冬。成虫早晚活动，趋光性很强。晴天白天躲藏在秧苗和稻株基部的株间或田埂杂草丛中。一般在丘陵、半山区发生，比平原多；干燥比低湿田多；沙质土比黏质土多；旱秧田比水秧田多。

测报办法 在6、7月成虫发生盛期内，每块秧田查5点，每点查20株，同时抽查其中5蔸稻苗的分蘖数，推算调查稻苗的总分蘖数（即调查稻蔸的总株数）。主要查虫孔叶数和潜伏在稻苗茎部株间的成虫数，计算虫孔叶稻株百分率。虫孔叶和成虫较多的稻田，立即进行防治。

防治措施

（1）春耕灌水整田时，成虫多漂浮在水面，随着浪渣漂向田边,可捞取浪渣,挖坑深埋。

(2)甜食诱杀:稻象鼻虫喜欢吃甜食,在成虫发生较多的田块,采用红薯、南瓜皮、西瓜皮等切成3厘米大小,2~3厘米厚的薄片,穿在长约25厘米左右的小枝条上,下午3点左右插入田中,高出水面2~3厘米,每亩共插50片左右。成虫易诱到甜食上面,可在早晚各收集一次,捕杀停在上面取食的成虫。一般连续诱捕2~3天,基本上可以捕集全部成虫。

图16 对付稻象鼻虫,可利用其喜食甜食的特性进行诱杀

(3)药剂防治:①在成虫盛发期,水稻初见虫孔叶时,每亩用50%杀螟松乳剂75毫升,或90%晶体敌百虫100克,加水60千克喷雾。②在幼虫为害期,可结合薅秧、追肥,每亩用茶枯粉5~10千克,拌细土20~25千克撒施;或每亩用45%胺敌磷100克掺细土撒施。

（4）土法防治：据贵州植保站介绍，直接用马桑叶、泡桐杆、野棉花等鲜草压青，每亩用量150千克左右。

三十、稻螟蛉

稻螟蛉俗称寸寸虫、稻青虫、稻尺蠖。除为害水稻外，还为害玉米、高粱、茭白、甘蔗等。在我国分布广泛，北起黑龙江，南至海南岛，西至陕西、四川，东至沿海各省，都曾有过不同程度的发生。

形态识别 成虫是小蛾子，雄成虫体长6～8毫米，翅展16～18毫米，前翅深黄色，有2条斜纹。雌成虫体型稍大，体色较浅，前翅黄褐色，也有2条斜纹，但断续不相连接；后翅浅黄色。卵扁球形，表面有放射状纵纹，纵纹间有横纹；初产时乳白色至淡黄色，孵化前变成灰紫色。末龄幼虫体长约20毫米，头部黄绿色，身体绿色，背面有4～5条黄白色细纵纹，胸足3对，腹足第一、二对不发达，所以行动像弓形，遇惊动跌落水面。蛹体长大约9毫米，略呈圆锥形，初化蛹时身体绿色，以后变褐色，羽化前全身有金黄色光泽。

为害症状 稻螟蛉以幼虫为害稻叶，1、2龄幼虫沿叶脉啃食叶肉，吃成许多白色长条纹，后变枯黄色；3龄后从叶边缘咬食，吃成不规则的缺刻；发生严重时，可把秧苗吃成"平头"，本田稻株被吃成"扫帚把"。幼虫老熟时，爬到叶端10～13厘米处，把稻叶成"粽子"状小三角苞，化蛹前在苞内咬断叶苞下的稻叶，使虫苞漂落水面，然后在苞内结薄茧化蛹。

发生规律 稻螟蛉从北至南一年发生3～6代，湖北江夏一年发生4～5代。成虫发生期：第一代5月上旬，第二代6月中旬，第三代7月下旬至8月上旬，第四代8下旬至9月中旬，第五代9月下旬至10月上旬。成虫白天躲在稻株下部或杂草丛中，傍晚活动趋光性较强。卵多产在稻株中部叶片上，少数产在叶鞘上，2～3行排列成块。叶片生长青嫩，产卵量大。秧苗前期多雨，后期干旱，虫害发生较重。

测报办法

（1）查产卵情况，定防治田块：注意调查稻田水面"粽子"苞出现时期，在发生较多时，收集一定数量，放入稻田固定的水面上，每隔 1~2 天剥查蛹进度一次。当成虫羽化进入高峰时，以生长嫩绿的稻田为对象，检查产卵数。秧田每块查 5 点，每点查 20 株，共查 100 株；本田每点 5 蔸，共查 25 蔸。产卵多的田块定为防治对象田。

（2）查白条叶数，定防治日期：选产卵较多的秧田、本田各一块，固定 10 株有卵稻株，每隔 3 天调查一次，观察白条叶出现情况，当白条叶稻株数量明显上升时，即进行药剂防治。

防治措施

（1）结合冬季积肥，铲除田边、沟边、水塘及低洼潮湿地上的杂草。

（2）保护利用天敌。稻螟蛉的天敌主要有寄生蜂、蜻蜓、蜘蛛和青蛙等，要加以保护和利用。

（3）在幼虫将稻叶结成"粽子"包漂落水面时，在排水口处安放一竹栅，收集后烧毁。

（4）药剂防治：在稻株白条叶上升时施药，每亩用 90% 晶体敌百虫 100 克，或 80% 敌敌畏乳剂 75~100 毫升，或 50% 杀螟松 125 毫升，或 25% 杀虫双 250 克。以上药剂任选一种，加水 60 千克喷雾。

三十一、稻铁甲虫

稻铁甲虫主要分布在湖北、云南、贵州等地。除为害水稻外，麦类、甘蔗、茭白、芦苇等亦属重要寄主。

形态识别 成虫是一种小甲虫，身体蓝黑色，有金属光泽，长约 4~5 毫米，前胸背板前方两侧，各有瘤状突起，上生棘刺 4 根，后方两侧各有较大的棘刺 1 根，鞘翅表面有许多刻点，并有长短不一的棘刺 20 根。卵扁椭圆形，乳白色，表面盖有黄褐色胶质物，产在稻叶组织里。幼虫身体扁平，体长 5~6 毫米，乳白色，腹部各节两侧有突起的肉刺。蛹扁椭圆形，体长约 5 毫米，初时乳白色，以后渐变为深黄色，腹部每节两侧有小刺 1 对。

为害症状　稻铁甲虫以成虫和幼虫为害水稻。成虫咬食叶肉、残留叶脉和下表皮，受害叶片成长条白线。幼虫潜伏叶内咬食叶肉，向下蛀食穿成隧道，受害叶片成黄白色袋状；受害严重的稻田远看像火烧一样。

发生规律　铁甲虫一年发生 3~4 代，成虫在杂草中或水稻残株叶鞘内越冬，第二年春季天气转暖，越冬成虫迁移到麦类和杂草上活动，待秧苗生长到 6.7 厘米高时，迁移秧田，产卵于秧叶尖端的组织内，以后随秧苗移栽带入本田。孵化出来的幼虫，潜入叶组织中取食叶肉，有迁移习性，一生可迁移 2~3 次，成虫怕太阳光，多在夜间、清晨及阴雨天活动和取食。

防治措施

（1）消灭越冬成虫：结合冬、春积肥，铲除田边、沟边、塘边等地方杂草，减少虫源。

（2）秧田灌水，捞除越冬成虫：据江苏经验，当发现秧田成虫较多时，于早晨灌水，迫使成虫爬向秧尖，再在水上撒一些 6~10 厘米长的干稻草，继续灌水淹没秧尖，最后用竹竿或绳子连草带虫拉集田角，收集深埋或烧毁。打捞完毕，立即放水，以免影响秧苗生长。这一方法，不适用于小苗育秧或用泉水灌溉的地区。

（3）药剂防治：用药适期，秧田抓住越冬成虫集中秧田产卵期；大田抓住幼虫盛发期。秧田用药：1∶1 烟草和石灰粉，配成混合粉，每亩用量 13 千克。大田用药：每亩用 50% 杀螟松乳剂 75 克，加水 60 千克喷雾，或 90% 晶体敌百虫，加水稀释 1000 倍喷雾。

三十二、稻蝗

稻蝗又称中华稻蝗，俗名叫蚱蜢、蚂蚱，属直翅目蝗科。除为害水稻外，也危害麦类、玉米、高粱、甘蔗及豆类植物。

形态识别 成虫体型细长，一般为绿色，有时黄绿色；头顶两侧从复眼到胸背后方，各有深褐色纵纹相连接，形成一条明显的纵纹。雌成虫体长 41～44 毫米，前端平，后端圆；卵深黄色，长圆筒形，中部稍弯，一端略大。若虫又叫蝗蝻，初孵时灰白色，后变黄绿色，共有 6 龄，3 龄前若虫翅芽不明显，触角在 17 节以下；3 龄时若虫翅芽已明显，前翅芽略呈三角形，后翅芽圆形；高龄若虫体形似成虫，翅芽伸达 1～3 腹节之间。

为害症状 稻蝗以成虫或若虫咬食稻叶，受害轻的呈缺刻状，重的全部叶片吃光，仅留下叶脉。在水稻抽穗期为害，咬伤穗颈和咬断小枝梗，使养料和水分不能上升，形成白穗；乳熟期为害，咬食乳熟谷粒或弹落谷粒，甚至咬断稻穗，影响产量。

发生规律 湖北每年发生一代，以卵在田埂、沟边、渠边等处越冬。鄂中地带 4 月开始孵化若虫，5 月下旬出现 3 龄若虫，6 月下旬出现成虫，8 月初成虫盛发，9～10 月为产卵期，直到 11 月成虫才大批死去。鄂西山区气候较冷，发生期较平原地区偏迟且短。

成虫产卵有一定选择性，在与水田交界的荒地、荒湖、草滩等处产卵最多，其次是靠江堤河坝之处，均有利于产卵孵化。由于产卵场所不同，孵化时间有先有后；干燥处先孵化，低湿处后孵化；前后差距 20 天左右，因此发生期很不整齐。

稻蝗最喜欢吃芦苇、茅草，其次喜欢吃水稻等作物，3 龄前以食杂草为主，3 龄以后扩散到稻田。湖北滨湖地区芦苇杂草丛生，食料丰富，如果干旱年份，湖水下落，湖滩扩大，对稻蝗产卵繁殖有利，就有很大可能发生。

测报办法 及时做好查孵化卵、查若虫工作，了解分布范围，掌握发育进度，是测报的中心环节。防治适期是：3 龄前若虫在稻

图 17　稻蝗的成虫直到 11 月才死去

田以外，或刚迁入稻田，为害水稻以前，是防治稻蝗的关键。若虫期用药，一是越冬卵已接近全部孵化，二是若虫在 3 龄前一般是群集活动，扩散范围不大，用药面积小。

防治措施

（1）围垦荒湖草滩，消灭稻蝗虫源地，是防治稻蝗的根本措施。

（2）春耕灌水时，蝗卵常浮在水面，随时打捞田间浪渣，集中烧毁。

（3）药剂防治：稻蝗具有群集特性，并能作远距离蹦跳和飞行,因此防治时先打包围圈,然后分田喷雾,在一块田内先打四周,再分厢喷药。用机动喷雾器效果好。防治标准:每平方米虫量8头即用药。①每亩用40%氧化乐果乳剂75毫升,或用25%灭杀毙25毫升。任选一种药剂,加水60千克喷雾,防效较好,其中以灭杀毙效果最好。②用5%敌百虫粉剂防治效果可达95%。

三十三、水稻其他虫害

稻黑蝽

形态识别 稻黑蝽俗称臭屁虫,以成虫、若虫为害水稻。成虫全身黑色,椭圆形,表面粗糙,密布小黑点,常粘有薄层泥土,卵杯形,初产时淡青色,后变淡红褐色到灰褐色;若虫有5龄,初孵化时身体近圆形,长约1毫米,红褐色,老熟若虫体长9毫米,椭圆形,密布黑点,外形像成虫,稻株分蘖期受害,被害形状像枯心苗,严重时整株枯死;抽穗期受害,谷粒不饱满,或成瘪粒。

防治措施 在成虫产卵盛期,每隔4天,灌13~16厘米深水一次,保持1天,共灌2~3次,闷死产在稻茎叶鞘上的卵。在若虫孵化盛期,每亩用90%晶体敌百虫100克,或80%敌杀畏乳剂75~100毫升,加水60千克在傍晚喷雾。

黏 虫

形态识别 成虫是一种淡灰褐色或淡黄色的蛾子;卵半球形,形面有网纹;幼虫初孵化时淡绿色,长大以后背面有5条纵线,中央一条白色,较细,老熟幼虫体长达30毫米左右;蛹红褐色,有光泽,体长约20毫米。黏虫以幼虫为害水稻。1~2龄时,被害叶片呈白色斑点,以后吃稻株嫩茎、嫩穗,情况严重时可把稻叶吃光。

防治措施 当100蔸水稻中有幼虫10头以上时进行防治。(1)用90%晶体敌百虫,加水稀释2500倍,每亩喷药液60千克;

用 25%西维因可湿性粉剂 500 倍液喷雾。（2）人工捕杀：在黏虫产卵盛期，摘除卵堆；幼虫发生盛期，利用其假死性，清晨和傍晚将塑料薄膜放在稻株下面，拍落幼虫；也可在水稻抽穗前放鸭捕食。

稻褐边螟

形态识别　雌成虫体长 9~11 毫米，前翅黄褐色，翅中央有 3 个褐色小点，外缘有 7 个棕褐色小点；后翅银灰色。腹部黄褐色，腹部末端无茸毛。雄蛾体长 7~8 毫米，全体灰黄色，腹部末端无茸毛。卵椭圆形，乳白色，叠成块状，表面覆盖淡褐色茸毛状物。末龄幼虫体长 15~20 毫米，头深褐色，体绿色。

稻褐边螟一年发生 4 代，以第三代（8 月份）发蛾量最大。幼虫蛀食稻茎，造成枯心、死孕穗和少数虫伤株，转株为害时，咬断稻茎叶丝封口作筒，漂浮水面寻找新的危害对象。

防治措施　保护利用天敌，寄生性天敌有：稻螟赤眼蜂；捕食性天敌有：稻红瓢虫、螳螂、蜘蛛、青蛙等。药剂防治参照三化螟。

稻三点螟

形态识别　成虫为白色小蛾子，体长 6~7 毫米，触角丝状，前翅有 3 条橙黄色横纹，后翅有 5 条橙黄色短横纹。卵圆形，初产时淡黄，后变黄色。幼虫体长 14~17 毫米，淡黄绿色，微透明，内脏隐约可见。

以幼虫为害水稻。幼虫孵化后，在近叶尖 7~10 厘米处，边咬边吐丝卷叶成筒，并咬断上下两端，带着筒跑动。1 条虫水稻分蘖期易侵入为害。

防治措施

（1）幼虫发生期，排水晒田 3~5 天，效果较好。

（2）每亩撒石灰 20 千克，或滴废机油、煤油 0.5 千克。

（3）结合防治其他稻虫，施用杀虫双、敌百虫等。

稻 眼 蝶

稻眼蝶又名日月蝶，幼虫俗称猫头虫。以幼虫为害水稻，叶片受害，造成缺刻；有时咬食柔嫩穗轴，使稻穗折断枯死。

形态识别 成虫14～16毫米，背面黑褐色，腹面灰黄色；前翅正面有2个蛇眼状斑纹，后翅背面有6个蛇眼状圆斑，每3个排列在一起。卵球形，淡绿色，壳面有纤细的网纹。末龄幼虫体长约30毫米，草绿色，头部棕红色，头顶有一对角状突起，形如猫头，故称"猫头虫"。

防治措施 参考稻苞虫的防治。

稻 负 泥 虫

稻负泥虫俗称背屎虫。以成虫、若虫为害水稻。成虫为害秧叶，吃成纵条纹；幼虫咬食稻叶上表皮和叶肉，残留下表皮，形成纵行透明条纹，叶尖渐枯萎，为害严重时，全叶焦枯破裂。

形态识别 成虫是小甲虫，体长4～4.5毫米，头黑色，胸部圆筒形，黄褐色，有微细刻点，后部收缩如颈；翅鞘青蓝色，有光泽；体腹面墨色。卵长椭圆形，初产淡黄褐色，后为黑绿色。大多产在稻叶尖。末龄幼虫长约5毫米，近梨形。初孵化时头部橘红色，身体淡黄色。老熟时头部黑色，有一淡黄色的倒"Y"形纹，身体暗红色。肛门开口向上，排出的粪便堆在背上，就像背着泥巴，负泥虫的名字即由此而来。

防治措施 参考铁甲虫。

稻食根金花虫

形态识别 稻食根金花虫又称稻食根叶甲。成虫是小甲虫，体长5～6.5毫米，绿褐色，有金属光泽。头部铜绿至紫黑色，中央有纵沟，触角每节基部棕红色。卵长椭圆形，初产时乳白色，后变淡黄色，上覆盖有白色透明的胶状物。幼虫体长9毫米，乳白色，形状像蛆，头小，胸腹肥大，有3对胸足和1对褐色爪状尾钩。

防治措施 （1）防除杂草：在产卵期间，重点除掉眼子菜。（2）药剂处理土壤，可防幼虫。幼虫常发生在积水田，在第二年翻耕前，每亩用茶枯粉20千克，或巴豆粉1.5千克，撒入田中再翻耕；或每亩用甲六粉3千克，拌细土5千克，制成毒丸，撒入水中。施药时，田水保持3厘米左右。

稻摇蚊

形态识别 成虫像蚊子，身体黄绿色，复眼漆黑色，胸背有3条黑色纵线。卵乳白色，包在透明胶囊内。末龄幼虫体长5毫米，血红色，胸部第一节和末节有肉质状突起。以幼虫为害水稻种子、幼芽和根，使种子不能发芽，或发芽后不能出苗，或出苗后造成浮苗，叶片发黄枯死。

防治措施

（1）加强农业防治：整田要平，适时早播；秧苗生长期间，排干田水，晒2天左右（以不龟裂为准）再灌水，可以抑制为害。

（2）用90%晶体敌百虫液，每亩用50克，加300千克水，均匀泼洒于苗床上。

稻瘿蝇

形态识别 稻瘿蝇又称稻瘿蚊，成虫红黄色，体长3~4.5毫米，复眼黑色，触角鞭状，前胸狭小，中胸发达，背部隆起。卵长椭圆形，稍弯曲，初产时乳白色，后变紫红色。幼虫形状像小蛆，乳白色，高龄幼虫体长4毫米，前胸腹面有一黄褐色剑状骨。以幼虫侵害水稻生长点，稻株被害之后像葱管和蒜薹，叶鞘畸形，不能抽穗结实。

防治措施

（1）消灭越冬虫源：结合冬春积肥，铲除田边及沟边塘边的杂草。

（2）成虫高峰期至幼虫盛孵期，每亩用50%杀螟松75克，或用80%敌敌畏100克，加水60千克喷雾。

稻赤斑黑沫蝉

形态识别 稻赤斑黑沫蝉俗称泡沫虫，雷火虫。成虫全身黑色，长约 12 毫米，头部中央像屋脊状突起，复眼黑褐色，单眼透明，触角黑色，前胸背板漆黑色，小盾片三角形。前翅黑色，基部各有两个白斑，雄虫近翅漆黑色，小盾片三角形。前翅黑色，基部各有两个白斑，雄虫近翅端部有一个大红斑，雌虫近翅端部有一大一小红斑。身体腹面及足均漆黑色。以成虫刺吸为害，被害水稻，叶片中段出现成排不规则的孔洞，虫伤部分变成黄白色，叶片软化折断。

防治措施

（1）在成虫盛发时撒施石灰，或在清晨成虫不大活动时，进行人工捕杀。

（2）保护利用天敌。寄生性天敌有：寄生蝇、线虫；捕食性天敌有：蜻蜓、豆娘、蜘蛛和蚂蚁。

第三章 小麦病虫害

一、小麦锈病

小麦的叶子、秆子上常会长出一种黄色的疱斑,疱斑里有很多像铁锈状的粉末,群众叫黄疸,这就是小麦锈病。小麦锈病有3种:条锈、叶锈和秆锈病,都是专性寄生菌,只能在寄主活组织上生长发育。病原为真菌担子菌纲柄锈菌属。

症状识别 三种锈病为害小麦后表现的症状不同,群众在实践中总结为"条锈成行叶锈乱,秆锈是块大红斑"。其症状区别详见下表。

发生规律 小麦锈病是一种高空远距离传播、大区域流行性病害,其流行程序决定于菌源和气候条件。主要以病菌夏孢子在小麦上越夏、越冬,传播蔓延。由于温度要求不同,越夏、越冬的地区也不同。条锈病发病最适温度为9~16℃,叶锈病为15~22℃,秆锈病为18~25℃。因此,一般是条锈病发病最早,秆锈病最迟,叶锈病介于二者之间。

三种锈病对温度的要求基本一致,即在多雨、降雾、结露或土壤湿度大的地方,都有利于锈病的发生;地势低洼,排水不良,麦地渍水,施肥过多,通风透光差,植株荫蔽度大的麦田,均有利发病。

测报办法

(1) 按品种、播期、长势分类调查,确定防治种类:在锈病开始出现时,将抗病性弱的品种,长势好的麦田以及播种期早的小麦为重点。一般在小麦返青后查条锈病，孕穗到抽穗期查叶锈病，抽穗前后查秆锈病，各查 1~2 次。根据三种锈病发生轻重，确定防治种类。

三种锈病的症状主要区别表

项目比较＼病名	条锈病	叶锈病	秆锈病
发病部位	叶片为主,其次是叶鞘、秆、穗部	只为害叶片,叶鞘和茎秆极少	主要在茎秆和叶鞘,其次是穗部
锈斑形态	卵圆形,表皮在后期中轻微破裂	圆形或椭圆形,表皮破裂	长椭圆形,稍隆起,表皮很早破裂,并向外翻转
初期锈斑颜色	黄色	褐色	棕红色
后期锈斑颜色和形态	细小黑点成条,表皮不破裂	细小黑点、分散,表皮不破裂	较大,椭圆形,黑色粉堆,表皮破裂
发病时间	最早	较晚	晚

（2）查病叶和病秆，定防治对象田：在发病季节，每块田查 4 点，每点查 50 株，共查 200 株，记载病叶率和病秆率。小麦拔节到抽穗期，条锈病每亩有发病中心；抽穗前后，小麦叶锈病病叶率 10% 以上；当小麦进入扬花到灌浆期，秆锈病病秆率在 1% 以上；应立即开展防治。

防治措施

（1）选择抗、耐病品种：抗病品种具有免疫能力，一般不感病或感病很轻；耐病品种是指感病中等，但产量损失较轻。近年来育种部门推出一些耐条锈病品种,各地可因地制宜选择种植;秆锈病发生重的地区,可以选择早熟品种,避开感病期,减轻发病。

(2)加强田间管理:施足底肥,注意配合施用磷钾肥,避免偏施氮肥,防止麦株贪青晚熟;多雨季节注意开沟排水,降低田间温度;在北方水浇地,当锈病发生后,要适当增加灌水次数,补偿植株失水,防止麦苗干枯,减轻产量损失。

(3)早期预防:在锈病发生普遍、病菌越冬率较高的地区,应在播种前用粉锈宁,有效成分按种子重量的0.3%拌种,即用25%粉锈宁可湿性粉剂15克拌麦种150千克或12.5%特谱唑可湿性粉剂60~80克拌麦种50千克。冬前和小麦返青拔节期进行普查,秋季苗期若有少量发病中心,喷25%粉锈宁2000倍液;喷洒面积以病株为中心,向四周扩展3倍。

图18 防治小麦锈病可用大蒜水这种土农药

(4) 药剂防治：早春及流行阶段，小麦拔节或孕穗期病叶普遍率达2%~4%，严重度达1%时开始喷洒20%三唑酮乳油或12.5%特谱唑（烯唑醇、速保利）可湿性粉剂1000~2000倍液、25%敌力脱（丙环唑）乳油2000倍液，做到普治与挑治相结合。

(5) 土农药防治：①大蒜水。原料：大蒜头、水。配法：将蒜头1千克去皮捣乱，加水2千克，浸泡半小时后地滤渣即成。使用时用制成的药液加水20倍，每亩用量40~50千克叶面喷雾。配制后应立即使用。②泽漆（猫儿眼）水。原料：泽漆根、茎、叶，水。配法：泽漆50千克，加水300千克，浸3~4天，滤渣取液。使用时每亩50千克叶面喷雾。并注意勿让药液进入眼口。(3) 苦楝树液。原料：苦楝树皮、果、叶，水。配法：将叶切碎加水2~3倍，泡6小时，去渣制成原液，每千克加水8千克；或将苦楝树皮、果加水6倍，煮2小时，使用时每千克原液对水25~30千克，每亩喷药液50~60千克。

二、小麦白粉病

小麦白粉病发生较普遍，在湖北呈间歇性流行。病原是真菌子囊菌纲白粉属。

症状识别 主要发生在麦叶上，有时也为害叶鞘、茎秆和穗部。受害初期，麦叶上先出现褪绿的黄色斑点，以后渐扩大为圆形或椭圆形斑点，上面生有由白色菌丝组成的白霉层。随后病斑不断扩大，连成一片，菌丝增多增厚，形成白色粉状物，这是病菌的分生孢子。后期白霉层变成灰褐色，在其中散生黑色小颗粒，这是病菌的闭囊壳。发病严重时，叶面以至整个穗部几乎都长满霉层，被害叶片逐渐枯死，植株萎缩不能抽穗。

发生规律 白粉病菌的分生孢子很容易萌发，对温、湿度均极敏感，故在南方不能直接越夏，在北方亦难直接越冬。病菌只能以闭囊壳在病残体上越夏、越冬，第二年子囊孢子释放，随风传至麦株，从表皮侵入，引起发病。麦株感病后，白粉状的分生孢子又随风传播，引起再侵染。

白粉病在 15~20℃ 的条件下最易发病；湿度大时，有利病害扩展。麦株生长太密，通风透光性差，或施用氮肥过多，麦苗倒伏，白粉病往往发生较重。病菌的分生孢子含水量高，有很强的保水能力，并且对湿度的适应能力强，在一般干旱年份，如果植株生长不好，抗病力减退，病菌孢子照常萌发，仍可引起严重为害。

测报办法 从三月上旬开始，选择感病品种和多肥嫩绿的麦田作重点调查，当出现中心病株时，划分类型田，定点调查。

（1）查病株率定防治对象田。当病株率达到 1%，或每亩平均有 5 个中心病株定为防治对象田。

（2）查苗，看天气决定防治时间。麦苗长势旺，中心病株有扩展，天气预报有 3 天以上的晴天，立即施药防治，控制中心病株。根据江苏经验，春季气温回升快，始病期早，前期菌量积累多，将有流行的可能；抽穗期到灌浆期，雨水适中或偏少，有利于分生孢子飞散传播，也有利于此病流行。湖北麦区的防治指标是，3 月中、下旬病株率达 40% 时即用药。

防治措施

（1）选用抗、耐病品种，加强水肥管理，要特别注意防止麦田受旱，但也不要积水。避免过量施氮肥，增施磷钾肥，以提高植株抗病力，减轻发病。

（2）药剂防治：施药适期掌握在孕穗末期至开花期。用药次数，根据药剂种类而定，如粉锈宁、多菌灵、硫黄胶悬剂等，在孕穗末期用一次即可；如用硫黄胶悬剂、石硫合剂等，一般从破口期施药，隔 7~10 天用 1 次，共用 2 次；多菌灵、退菌特等药效不超过 5 天，需施用 3 次以上。其用量如下：亩用 25% 粉锈宁可湿性粉剂 35 克。或 50% 硫黄胶悬剂量 0.25 千克，或 40% 多菌灵胶悬剂 100 克，或 50% 托布津 100 克，任选一种，加水 75 千克喷雾。

（3）土农药防治：①硫黄粉。制法：用 300 目筛筛制粉剂。使用方法：用做拌种或喷粉拌种每 100 千克种子用药 1 千克；喷粉每亩 1.5~2.5 千克。②石灰粉。每亩用 25~30 千克喷撒，防治效果达90%左右。③石硫合剂。原料：石灰、硫黄、水。配法：石灰、硫黄、水的比例为1:15:10。把硫黄磨成细粉，调成糨糊状液加热，待水温达到70~80℃时，再把生石灰块放入，并加大火力，水开后煮熬40~50分钟，颜色变老酱油色，此时浓度达20~23波美度即成。使用时药液稀释为波美度1度喷雾。

三、小麦赤霉病

小麦赤霉病俗称红头麦，是长江流域重要病害之一，湖北主要发生在沿江滨湖地区及鄂东南、鄂西南的丘陵、山区，病原分无性世代和有性世代。无性世代为真菌半知菌亚门镰孢霉属，有性世代为真菌子囊菌纲赤霉属。

赤霉病为害小麦，除了使产量降低之外，还有两种影响：一是使种子质量下降。被害严重的籽粒皱缩空秕，被害轻的籽粒发芽率低，影响出苗率和来年产量。二是病麦含有赤霉酮等毒素，人吃了病麦以后，会引起头昏、发热、四肢无力、腹胀、腹泻和呕吐等中毒症状。家畜吃了病麦之后，也引起食欲减退、腹泻等。

症状识别 赤霉病在小麦穗期最明显。麦穗发病初期，在小穗颖壳上先出现水浸状淡褐色病斑，逐渐扩大蔓延全小穗，以后在颖壳的合缝处或小穗基部生出粉红色霉，这是病菌无性时期的分生孢子。到了成熟期，病部出现煤屑状黑色小颗粒，这是病菌有性时期的子囊壳。病轻时，只局部个别小穗；病重时，全穗或大部分小穗全部发病，使籽粒干秕、皱缩。

发生规律 赤霉病菌的寄主范围很广，除为害麦类外，还危害玉米、水稻等其他禾谷类作物。在稻麦两熟地区，主要在水田内的残株上越夏、稻桩上越冬。第二年春季，土壤湿度达饱和含水量60%以上，气温10℃以上，产生子囊壳，放出大量子囊孢子，借风雨传播到麦穗上，从花药侵入，经过花丝进入小穗内部。感病小穗出现淡褐色病斑，高湿条件下产生粉红色霉，此为分生孢子。大量的分生孢子再经风雨传播，引起再侵染，加重病害程度。

赤霉病流行以开花期侵染为主，在温暖、潮湿的环境下最容易发生。小麦抽穗后的平均气温达到或超过15℃时，抽穗后的15~20天内，阴雨天数超过一半以上，病害就可能流行，麦收后，感病湿麦上堆或已脱粒的小麦未及时晒干，赤霉病仍会再侵染，导致加重为害，此时气温高，湿度大，三五天以内，能使已到手的小麦损失1~3成。

测报办法

（1）查扬花，看天气决定防治田块：田间调查从抽穗开始，每天上午8~9时进行。每块田查2~3点，共查100株，当扬花株率达10%左右时，如天气预报连续3天内有雨，或10天中5天以上有雨，应定为防治对象田，并抢在下雨前喷药保护；如天气稳定晴好，喷药适当推迟或减少喷药面积。湖北沿江滨湖地区属于常发病区，每年可规范化在小麦初花期喷药保护。

（2）查病情，决定防治次数：第一次喷药后继续检查病情，如果病穗出现早，病情发展快，不久将有闷热多雨天气出现，应再补治一次。每次喷药的间隔天数，可根据不同药剂的残效期，结合天气、病情等情况决定。一般间隔一个星期。

防治措施

（1）深耕灭茬、消灭菌源。稻桩、玉米秸秆等是赤霉病菌的生活基地，是病菌的主要来源。秋播前要深耕灭茬，消灭菌源。

（2）选用抗病品种，增施钾肥。

（3）开沟排水，降低地下水位。群众总结说。"小麦收不收，要看三条沟（围沟、腰沟、厢沟）"。年前要开好"三沟"，年后要及时清沟排渍。

（4）药剂防治：在始花期喷洒50%多菌灵可湿性粉剂800倍液，或60%多菌灵盐酸盐（防霉宝）可湿性粉剂1000倍液、505甲基硫菌灵可湿性粉剂1000倍液、50%多霉威可湿性粉剂800~1000倍液、605甲霉灵可湿性粉剂1000倍液，隔5~7天防治一次即可。也可用机动弥雾机喷药，以减少用水量，降低田间湿度。

（5）土农药防治：用石硫合剂0.6波美度喷雾，或用泽漆液防治，均有较好效果。

四、小麦纹枯病

小麦纹枯病以前在湖北属次要病害，近年来，随着小麦播期提早，肥水及种植密度提高，病害发生和为害逐年加重，已成为主要病害之一。病原为真菌半知菌类丝核菌属。

症状识别 小麦不同生育期均可受纹枯病菌的感染，分别造成烂芽、黄苗死苗、花秆烂茎、枯孕穗和枯白穗等不同为害症状。

烂芽：小麦发芽时，受纹枯病菌侵染，先是芽鞘变褐，继而烂芽枯死。

黄苗：麦苗长至3~4片叶时，先是基部第一张叶鞘出现淡褐色小斑点，后扩大蔓延至全叶鞘，病斑中部呈灰色，边缘褐色；叶鞘发病后，该叶片自叶尖至全叶呈水渍状暗绿色，不久便失水枯黄，重病苗因抽不出心叶而死亡。

花秆烂茎：麦苗返青后，茎部叶鞘上出现褐色病斑，多数呈梭形，有的病斑纵裂。麦苗拔节后，叶鞘上出现椭圆形水渍状病斑，逐步发展成中部灰色，边缘成褐色的云纹状病斑，当病斑扩大相连后造成"花秆"。在多雨高湿天气，病叶鞘内侧及花秆上可见到白色至黄白色的菌丝体，以后形成不规则的白色至褐色的小颗粒，即菌核。

由于花秆烂茎，使一些本来可以抽穗的主茎无法抽穗，成为枯孕穗；有的虽勉强抽穗，因得不到养分而成枯白穗。

发生规律 纹枯病发生轻重与品种、播期、气候、施肥、连作，以及杂草密度等有关。一般早播、密植、多肥、连作田及杂草多的麦田发病较重；冬春气温高，降雨持续期长，有利病害流行。

据观察，小麦纹枯病田间发病可分为4个阶段。一是秋苗感病期：纹枯病菌在小麦出苗数天后即可侵染发病；二是早春病情上升期：2月下旬麦苗拔节初期，旬平均气温达5~8℃时，病情迅速上升；三是病情加重期：3月下旬至4月中旬气温升高，小麦处于孕穗扬花期,这时田间病株率也进入高峰,严重田块麦株可全部感病,田间可出现枯孕穗;四是病情稳定期:4月下旬以后,小麦生长后期于茎秆坚硬,病菌扩展受到抑制,病情趋向稳定。

测报办法 根据小麦生育期,分别于苗期、分蘖盛期、拔节期和孕穗期各调查1次,每期应相对固定5块田以上,调查病株率和病情指数。

调查方法 每块田按对角线取样,调查10点,每点查10株,共查100株。当病株率达到20%以上时,用第一次药;病害发生较重的年份,对早播田、多肥田,隔10～15天再用药一次,起防病保产作用。一般年份防治适期在小麦拔节前为宜。

防治措施

(1) 改善栽培管理:深翻土地;合理密植;增施磷、钾肥,切勿偏施氮肥;低洼、潮湿麦地要开沟排水,降低地下水位。

(2) 拌种预防:用粉锈宁拌种,剂量按有效成分千分之三处理麦种,防效可达70%。

(3) 药剂防治:防一次在拔节前,防两次,以苗期和分蘖末期各一次。每亩用5万单位井岗霉素200克,或35%广菌灵(5%粉锈宁+70%托布津复配剂)100克,加60千克喷雾。

(4) 土农药防治:辣椒水。配法:选择辣味强的辣椒切细,1千克鲜辣椒加水12千克,烧开半小时后过滤去渣,约得10千克药液。使用时,每亩用药液7.5千克,加水60千克喷雾。于晴天傍晚和早晨露水未干时喷雾,效果较好。

五、小麦根腐病

小麦根腐病,俗称黑胚病,在小麦整个生育期均可发生。我国北部麦区是苗期烂根死苗;南部麦区主要是后期叶枯和穗腐。病原为真菌半知菌类长蠕孢属。

症状识别 幼芽鞘受害成褐色斑痕,严重时腐烂死;根部受害,产生褐色或黑色病斑,最终根部腐烂,导致死苗。叶片受害,

图 19　小麦根腐病在小麦整个生育期均可发生

病斑先为菱形小斑，后扩大成长圆形深褐色斑块，边缘不规则，色较淡；病害严重时，叶片提早枯死。叶鞘受害，病斑黄褐色，云纹状，边缘不明显；天气潮湿时，病部生黑褐色霉状物。穗部从灌浆时开始，感病后便可出现症状，颖壳上病斑初期褐色，严重时可使全部小穗变褐、枯死，或者麦粒皱缩干瘪。种子受害有两种症状：一种是种子胚部变黑，故有"黑胚病"之称；另一种在种子上形成菱形病斑，病斑边缘黑褐色，中间淡褐色。

发生规律　带菌种子和土壤中的病菌是幼苗发病的初侵染源；病苗上以及越冬或越夏的病残体上所产生的分生孢子，是叶、茎和穗部发病的初侵染源。发病部位能长出大量分生孢子，通过水、雨扩散，进行再侵染，致使成株后期发生叶斑和穗枯，并可在扬花期侵入花内，形成黑胚粒。

由于根腐菌是弱寄生菌，凡受过冻害、旱害、涝害的麦株都易侵染。耕作粗放、田间杂草多，播种过深、过晚，造成幼苗出土慢或生长不良，或者地下害虫为害重，以及品种抗寒性差的麦株，都有利于病菌侵染。在冬麦区，尤其苗期遇寒潮，麦苗受冻，则可发生严重烂根和死苗；或在小麦生育中、后期水肥不足，导致叶枯、穗腐严重发生。

防治适期与指标 在苗期病蔸率达到 20% 以上，圆秆至孕穗期病秆率达到 20% 以上用药；常发区在播种前用药剂进行拌种预防。

防治措施

（1）精选种子：选用抗病及抗寒力强的品种和无病种子。

（2）药剂拌种：播种前用 15% 粉锈宁可湿性粉剂拌种。每 100 千克种子拌药 200 克（1 千克种子用 2 克药）；用种子重量 0.2%～0.3% 的 50% 代森锰锌可湿性粉剂。

（3）轮作换茬：重病田避免连作，实行与豆科作物轮作。

（4）加强水肥管理：田间开好"三沟"，合理排灌，避免小麦长期干旱和渍涝。增施有机肥料和磷钾肥，麦苗返青追施适量速效性氮肥。

（5）在成株期抽穗期，每亩用 25% 敌力脱 40 毫升，或 25% 粉锈宁可湿性粉剂 100 克，或 80% 多菌灵超微粉 50 克，兑水 50～60 千克喷雾 1～2 次。

六、小麦散黑穗病

小麦散黑穗病，俗称灰苞、火烟苞、乌麦。在我国冬、春麦区都有发生，其病穗率等于损失率。病原为真菌担子菌纲黑粉菌属。

症状识别 在小麦抽穗、扬花之后，如果你到麦地里去观察一下，很可能会发现一种奇怪现象：抽出的不是正常麦穗，而是一串黑粉团团，风一吹，黑粉飞散，最后只剩下一根光秃秃的穗轴，这就是小麦散黑穗病。

如果你在抽穗前仔细观察，会发现病株的抽穗期比健株略早，起初穗部外面包有一层灰色薄膜，里面充满黑粉，成熟后破裂，散出黑粉，即病菌的冬孢子，黑粉被风吹散后，只残留穗轴。病穗上的小穗多数全部被破坏。一株发病，如果是感病品种，主茎和所有分蘖都出现病穗；若是抗病品种，一般只在主穗上发病。

发生规律 小麦散黑穗病的带菌种子是传播病害的唯一途径。病菌孢子在小麦开花时，被风吹落到健株的花器上，发芽后由花柱侵入到麦粒胚部，成为种子带菌。病麦和健麦在外表上没有区别。来年用病麦作种，在播种时病菌随之活动侵入生长点，抽穗时病菌将花器破坏，形成大量黑粉般的厚垣孢子。小麦抽穗扬花期的气候，与此病的侵染关系大。刮风利于孢子飞散传播；天气温暖、多雾或多小雨，有利于孢子萌发和侵入，导致当年种子带菌率高。

防治措施 小麦散黑穗病的防治关键是解决种子带菌问题。因此，应抓好种子处理为主的预防措施。

（1）种子处理：①石灰水浸种。用生石灰1千克，加少量水化开，加水100千克，浸麦种50千克。浸种温度和时间为：气温35℃时浸1天。30℃时浸1天半；25℃浸2天；20℃浸3天；15℃浸6天。以伏天浸种为好。浸种时，种子厚度不超过2尺。种子下水后，立即捞出浮渣，不要搅动。浸种在室内或遮阴处进行。浸种后如不立即播种，须马上晒干。②恒温浸种。将种子连同箩筐浸入50~54℃的热水缸中，不断搅动，待水温下降到45℃时，加盖密闭，每隔10分钟加开水调节水温一次，使水温始终保持在45℃。浸足3小时后，移入冷水中搅拌散热，然后摊开晾干即可。③冷浸日晒法：在七八月份，阳光强烈天气，先用冷水浸种4小时，捞出于中午11时至下午5时，摊在泥地的晒场上晒种，（水泥晒场地面温度超过55℃会影响种子发芽率，故不宜使用）待晒干后贮藏作种子用。④每100千克种子用25%萎锈灵粉剂300克均匀拌种；或每100千克种子用40%五氯硝基苯粉剂500克均匀拌种；或每100千克种子用25%粉锈宁可湿性粉剂200克拌种，防治效果达到90%左右。

（2）建立无病留种田，选择适当的隔离区，应距离病田300

米以上。

（3）拔除病株：在病穗刚抽出，而黑粉包衣未破时，应及时连续拔除病穗数次，装入塑料袋内，带出田外烧毁或深埋。

七、小麦腥黑穗病

小麦腥黑穗病，俗称腥乌麦、灰包、臭黑疸。感病后不仅使小麦减产，而且还降低面粉品质，严重者不能食用。病原为真菌担子菌纲腥黑粉菌属。

症状识别 小麦腥黑穗病有光腥黑穗病和网腥黑穗病两种，除了病原菌在形态上有区别之外，在症状上没有区别。小麦抽穗初期，病株比健株稍矮，病穗略显暗绿色。灌浆以后，剥不出正常的麦粒来；小麦近黄熟时，颖壳和麦芒稍向外张开；麦粒蜡熟时，可看到部分露出麦粒。病粒表皮有一层膜，呈枯白色，病株比健株粗短或瘦小，用手压破，即散出充满鱼腥味的黑色粉末（病菌的厚垣孢子），所以俗称腥乌麦。

发生规律 小麦脱粒时，病粒破裂，病菌孢子飞散，黏附在种子表面，是传病的主要途径，其次是粪肥和土壤带菌。小麦脱粒后，把带菌的麦壳、碎麦秸秆等垫牛栏或沤肥，病菌孢子在粪肥中越夏。小麦播种时，种子和粪肥的病菌就侵入刚萌发的幼芽，并向麦株生长点发展，孕穗时侵入幼穗，破坏子房，形成病粒。病菌只能侵害未出土的幼芽。因此，播种愈深，出土愈慢，发病愈重。土壤温度在 9~12℃，土壤湿度中等时，最容易发病；土温在 20℃ 以上时，病菌难以侵染。因此，冬麦迟播，春麦早播，发病较重。

防治措施

（1）拌种处理：在种子带菌为主的地区，播种前按种子重量的 0.2% 拌种，药剂有：40% 拌种灵可湿性粉剂、75% 五氯硝基苯、50% 甲基托布津可湿性粉剂、25% 多菌灵可湿性剂。用拌种灵拌毕后，应贮放 24 小时再播种。或用 15% 粉锈宁可湿性粉剂兑水 2~3 千克，喷拌麦种 50 千克，晾干后播种。

（2）土壤消毒：土壤带菌为主的地区，播种时每亩用五氯硝基苯 3 千克，加细土 15 千克撒施。

（3）栽培防病：春麦播种不宜过早，冬麦不宜过迟，播种不宜过深，盖土不宜过厚；播种时用硫氨等速效化肥作种肥，可以促进幼苗早出土，减少病菌侵入的机会。或用人尿 1.5 份，草木灰 1 份，拌麦种 10 份；或每亩用硫氨化肥 15 千克，掺细土 75 千克，混合后与麦种一起播下，均可获得良好效果。

（4）石灰水浸种：配法：用生石灰 1 千克，加清水 100 千克，充分混合反应后，过滤即成。尔后将 60 千克种子放入配好的生石灰水中。20℃气温浸 3 天左右。浸种时避免阳光照射。

八、小麦线虫病

小麦线虫病，农民朋友称胡椒籽、马连子、铁乌麦、浪当子、麦雀子，是由小麦粒线虫为害后造成的。其为害症状像病害，所以称线虫病。病原为线形动物门粒线虫属。

症状识别 在麦苗的第一片真叶舒展时就可表现症状，初期是叶子短而宽，硬直散乱，稍微些黄色；到小麦分蘖期，病株表现为叶鞘松散，叶片皱缩扭曲，分蘖苗增多；拔节期，病株茎秆肥肿弯曲，孕穗以后，株型矮小，节间缩短，叶色浓绿，有的不能抽穗，或者虽能抽穗，但麦粒变为虫瘿，麦颖壳向外张开。虫瘿近圆形，初为青绿色，干燥后呈紫褐色，较正常麦粒短小而坚硬，内部已没有淀粉，取而代之的是白色棉絮状物，这是小麦线虫的幼虫。每个虫瘿内多达数千条至上万条幼虫。

发生规律 小麦线虫只为害小麦，以虫瘿混在麦种、肥料中，或散落田间越夏、越冬。种子是病菌的主要来源。播种后，虫瘿吸水膨胀，里面的幼虫逐渐苏醒，钻出病粒，侵入幼苗，逐渐向上转移，最后达到花部，使花部受到刺激，不能正常发育，变成虫瘿。线虫在虫瘿内交配产卵，不久孵化为幼虫。小麦成熟时，虫瘿变硬，2 龄幼虫在虫瘿内休眠过冬。在干燥环境下，病粒内的线虫可活数年;落入土中的病粒只能活几个月。因此,土壤传播不是主要来源。小麦迟播发芽慢,幼虫侵染机会多,发病就重。

图 20 小麦粒线虫只危害小麦

防治措施

(1) 建立无病留种田或选用无病种子。

(2) 利用麦种与虫瘿的重量不同,进行水选种子:①泥水选种。用黄胶泥 15 千克,加水 50 千克,调成泥浆,滤去沉渣,将泥水装在缸或桶中,再将麦种(每次 10~15 千克)倒进泥水中,朝一个方向迅速搅动,并立即将漂起和悬浮于上中层水中的虫瘿连同水一起倒出,然后将剩下沉入底层中的种子取出用清水洗净、晾干。滤出的泥水可以反复使用 5~7 次。②盐水选种。用食盐 5 千克,加水 25 千克,将配好的盐水盛在桶里,再将种子(每次 5~8 千克)倒进盐水中。处理方法同上。③清水选种。此法既简单又经济，但效果比前两种稍差。方法是把麦种放在脸盆内，加满水，朝一个方向快速搅动，连淘数次，漂去中上层的虫瘿。

九、小麦叶枯病

小麦叶枯病主要发生在北方春麦区，长江流域也有发生。病原为真菌半知菌类壳针孢属，有性阶段为禾生球腔菌。

症状识别　一般在小麦拔节至抽穗期发生，先从下部叶片开始，逐渐向上蔓延，病斑初期淡黄色，圆形或梭形，边界不清楚，以后扩大愈合成不规则的黄褐色大斑块，中间枯白色，上散生黑色小点，在早春和晚秋，如病菌侵入根冠部分，导致下部叶片枯死，严重时植株衰弱甚至死亡。偶尔也有在穗部和茎秆上发生的，但颖片、籽粒和茎秆上病斑较小，小黑点也少。

发生规律　病菌以分生孢子器及菌丝体在病残体上，或以分生孢子器附着在种子表面越夏、越冬，秋季侵入麦苗，以菌丝体在病麦上越冬，第二年春季天气适宜时，病组织上产生分生孢子，借风雨传播为害。冬春低温、高湿有利此病发生；连作地发病较多。

测报办法　从小麦拔节期至抽穗期开始调查，当剑叶发病率达1%以上，即用药防治。

防治措施

（1）选用无病种子或进行种子消毒处理。处理方法参照小麦散黑穗病。

（2）深耕灭茬：小麦收割后，深耕翻埋病残体，使其加速分解，减少病菌。

（3）用带病麦秆沤肥应充分腐熟，以消灭菌源。

（4）田间要开好"三沟"，降低地下水位。

（5）药剂防治：孕穗前后为防治适期，可喷施65%代森锌可湿性粉剂500倍液，或1:1:40的波尔多液进行防治。

十、小麦秆枯病

小麦秆枯病以往只在华北、华东和西北部分地区发生,在湖北偶尔有发生。除为害小麦外,有时也为害大麦。病原为真菌子囊菌纲绒座壳属。

症状识别 小麦出土后大约1个月,土面下的幼芽鞘或叶鞘上就开始发病。后期受害部位主要是叶鞘和茎秆,抽穗后症状最明显。病部首先表现灰白色菌丝块,以后形成椭圆形病斑,边缘褐色,逐渐扩大成云纹状斑块,并向深层发展,有时互相连接。后期受害处变黑色,上生许多小黑点,突出叶鞘表面,这是病菌的子囊壳。剥开叶鞘,茎秆中下部常有灰白色霉层。为害严重时,茎基部全变黑色焦枯状。植株生长矮小,抽穗前陆续死亡;病轻的虽可以勉强抽穗,但因茎基部1~2节处弯曲倒折,多不能结实,或结实成瘪粒。

发生规律 小麦收割后,病残麦桩碎裂,混入土中,其中的菌丝或子囊壳在土壤中越夏、越冬。病菌在土壤中可以存活3~4年,带菌土壤是主要传病来源。小麦播种出苗后,在三叶期前病菌侵染幼苗,引起发病,以后随着麦苗生长自下而上扩展全株。日平均地温10~15℃,湿度较大时,发病重;晚播小麦发病重于早播麦;缺肥、耕作粗放、麦苗长势差的田块发病重;播种过深发病重。

防治措施

(1) 加强田间管理:割麦时不留深茬,避免将病残株遗留田间;深耕细耙;开好"三沟",降低田间湿度;增施有机肥料等,均可以减轻为害。

(2) 适时播种;对发病重的田块实行1~2年轮作。

(3) 在播种沟内亩施人粪尿3~5担,或亩施豆饼20~30千克,可以收到一定的防治效果。

(4) 用50%福美双1千克拌种200千克,效果很好。

十一、小麦颖枯病

小麦颖枯病主要发生在东北春麦区,长江流域部分冬麦区也有发生。病原为真菌半知菌类壳针孢属;有性阶段为颖枯暗球壳菌。

症状识别 主要为害麦穗和茎秆,也能侵害叶和叶鞘。麦穗受害以乳熟期最明显,先在颖壳顶端或上半部小穗上发生,出现深褐色斑点,后变枯白色,边缘褐色,可扩展至整个颖壳,上面长满小黑点,严重时不能结实。叶片受害,初期出现椭圆形淡褐色小点,以后扩大成不规则病斑,中央灰白色,上密生细小黑点;有时没有明显病斑,全叶或大部分变黄,旗叶被害后,多卷曲枯死。叶鞘发病变黄,常引起叶片早枯。茎节发病生褐色病斑,上生小黑点,病节以上的茎秆变灰褐色,严重时枯死。

发生规律 病菌以分生孢子器及菌丝体附着在麦茬、颖壳及病残株中越夏、越冬,成为第二年春的侵染来源,以分生孢子侵染麦苗,可借风、雨再次传播为害;抽穗前后低温多雨有利发生和蔓延。土壤瘠薄、麦株瘦弱,或偏施氮肥,引起倒伏,都会加重为害。

防治措施

(1) 选用抗病品种和播种无病种子。

(2) 栽培措施:深耕土地,减少菌源;实行与豆科作物轮作。

(3) 药剂防治:在小麦孕穗前后,用0.7%石灰等量式波尔多液喷雾;或用65%代森锌可湿性粉剂500倍液,每亩喷药液60千克。

十二、小麦秆黑粉病

小麦秆黑粉病又称秆黑穗病,农民朋友称枪杆、黑铁条,黑枪、黑疸,全国各麦区都有发生,北部重于南部。湖北发生在江汉平原和鄂东等地。病原为真菌担子菌纲条黑粉菌属。

症状识别 从小麦苗期到抽穗期都能发生,以拔节期症状最明显。发病部位主要在小麦叶片、叶鞘及茎秆上。病斑初为淡灰色条纹,逐渐隆起并转为深灰色,形成一条条黑色的肿疱,叶片纵卷扭曲,表皮破裂后,即散出大量黑褐色粉末,即病菌孢子球。病株比健株矮小,茎秆扭曲,多数不能抽穗;少数虽可以抽穗,但麦穗畸形,不结籽粒或籽粒干瘪。

发生规律 小麦收获前后,病株上的厚垣孢子大量散落在田间,在土壤中可存活3~5年。病菌以通过土壤传染为主,其次是种子和粪肥。小麦播种后,病菌在幼苗出土前侵入幼芽鞘,随麦株一起生长发育,至第二年表现症状。病菌侵入的最适土温在14~20℃,土壤含水量为40%~50%。因此,从小麦播种到幼苗出土前,土壤温湿度是影响此病轻重的主要因素。播种期早,播种时墒情不好,湿度较高,或播种过深,麦苗出土较慢,均有利于发病。

防治措施
(1) 选用抗病或调换无病种子。
(2) 种子处理:①石灰水浸种。用1千克石灰,加水100千克,将麦种50千克倒入石灰水中,浸2~3天。②用种子重量千分之二的五氯硝基苯拌种。
(3) 其他防治方法与小麦腥黑穗病相同。

十三、小麦全蚀病

小麦全蚀病在全国主产麦区属局部发生。除为害小麦外,也能侵染大麦、燕麦、粟谷和一些禾本科杂草。病菌为真菌子囊菌纲蛇孢腔菌属。

症状识别 小麦全蚀病是一种根病,从幼苗期到生长期都可以发生,一般在抽穗前后发病最为明显。主要为害茎秆基部,在基部1~2节处变黑褐色,如黑膏药状。分蘖期受害,病株稍矮,叶色浅,地下根、茎变为灰黑色。拔节期受害,麦苗返青迟缓,分蘖少,叶片自下而上发黄,似干旱、缺肥状,病株根部变黑色。抽穗灌浆期为害，田间病株成簇状，或点片出现早枯白穗，病穗污褐色，病根全部变黑，有光泽，在茎基部表面及其叶鞘内侧布满黑褐色菌丝层，形成"黑脚"症状。在较干燥的情况下，以上症状不明显，病株仅表现矮小，分蘖稀少，但后期病穗仍变白枯死。全蚀病开始零星发生，若控制不及时，二三年后可发展到成片死亡。

发生规律 病菌在土壤中的病残组织上越夏，成为冬小麦播种后的主要侵染来源。病菌孢子也能黏附在种子上，随小麦播种后发芽侵入幼苗为害。病菌以菌丝体在麦苗组织内越冬，春季开始扩展。麦田施用带病菌肥料也可引起发病。病田连作，多雨高湿，地势低洼，土质松散，矿质或偏碱性土壤，以及肥料不足等，均有利于发病。病菌侵入适温为 12～16℃，发育适温为 15～24℃。早播麦田发病重于迟播麦田。

防治措施

（1）严格执行检疫制度，保护无病区，发现病株连根一起拔除，单脱粒，病草烧毁，不用做肥料；不用病麦作种；疫区麦种严禁串换外调，防治病害蔓延。

（2）及早拔除病株。注意发病中心，在病株始见期，子囊壳未成熟前，拔除病株带到田外烧毁。

（3）因地制宜轮作换茬：疫区重病田可与绿肥、油菜、蚕豆、花生、高粱、棉花等作物轮换种植，可显著减轻发病。

（4）增施有机肥和磷肥。

（5）药剂防治：播种时用 15% 粉锈宁可湿性粉剂拌种，用药量为种子重量的 0.3%；在小麦三叶期，每亩用粉锈宁 150 克，加水 60 千克喷雾，防效可达 80% 以上。

十四、小麦霜霉病

小麦霜霉病主要为害小麦叶片、茎秆和穗部，除为害小麦外，还为害大麦、水稻、玉米等作物。病原为真菌藻菌纲指疫霉属。

症状识别 从返青拔节期出现症状，被害麦株生长矮小，只有健株的三分之二高,全株黄绿色,主茎扭曲,分蘖增多;叶片变宽变短,有些皱缩,软蔫下披,叶肉发黄成条纹花叶状;心叶变长变宽,披垂,叶片黄色光滑,像涂过蜡一样,叶背面有很薄的白粉,剑叶或剑叶鞘像纸捻子,不能抽穗。即使能勉强抽穗,也是从剑叶鞘侧面挤出,穗颈和麦芒扭曲,穗形紧缩,穗小畸形,多不结实。分蘖抽出的麦穗像苍蝇头。病株贪青迟熟,全株浓绿色。

发生规律 病菌以卵孢子在病残株上或土壤内越夏、越冬。秋播后灌水或下雨时,病菌随水传播蔓延,从小麦幼芽侵入,引起发病。卵孢子在水中生存5年后仍有发芽能力。冬、春温度在15~20℃,多雨高湿,发病较重。小麦发芽后和春季大雨后麦田积水,发病亦重。土质差、土壤板结,整地质量差,耕作粗放,有利发病。长江流域前茬为水稻,麦田内禾本科杂草太多,有利加重病害。

图21 小麦霜霉病菌的卵孢子在水中生存5年后仍有发芽能力

防治措施

（1）建立完好的排水系统，开好"三沟"，做到沟沟相通，使田间土壤既保持湿润，又不至积水。

（2）注意精耕细耙；增施农家肥；堆制堆肥要充分发酵后再施用。

（3）发现病株，立即拔除烧毁；及时清除田间杂草。

（4）严重田块实行与除了水稻、玉米以外的其他作物轮作。

（5）药剂防治：在幼苗期用 40% 乙膦铝可湿性粉剂 200 倍液；或 58% 瑞毒锰锌可湿性粉剂 600 倍液喷雾。

十五、麦蚜

麦蚜俗称腻虫，是麦类上发生较普遍的害虫。为害小麦的蚜虫种类很多，但以麦长管蚜和麦二叉蚜发生数量最大，为害最重。除小麦受害外，也为害高粱和谷子。

形态识别

麦长管蚜：触角长于身体。第一二节灰绿色，其余各节黑色；体绿色，腹部背面常有黑斑。有翅蚜头、胸部褐色，腹管黑色，末端部有网纹，体长约 2.2~2.4 毫米，多在叶面及麦穗上为害。

麦二叉蚜：触角短于体长约一半，后半部黑色；身体淡绿色或黄绿色，背中线深绿色，腹管顶端黑色。有翅蚜前翅中脉分为二叉，体长约 1.5~1.7 毫米。多在麦叶上为害，受害处有枯黄色彩斑点。

为害症状 麦苗受蚜为害后，引起生长不良，叶片出现黄色斑点，严重时全叶发黄，甚至枯死。小麦抽穗后，麦蚜集中在麦穗部为害，对小麦灌浆影响极大，受害麦粒瘦小干秕，味苦，造成减产。

发生规律 麦苗出土后，麦蚜即陆续迁入麦地生活，但在抽出剑叶前一般数量较少，常集中于剑叶基部，只到抽穗期发生才比较明显。齐穗以后，蚜虫数量迅速上升，并上穗为害；到乳熟期，蚜虫数量达到高峰。蚜虫在田间发生情况,一般是早播麦地发生早于晚播麦地;旱地发生早于水田;地边发生早于地中间。影响麦蚜的环境因子,以温度和营养条件最为重要,平均气温在 16~25℃,又值小麦抽穗扬花期,可导致麦蚜大发生。

测报办法

(1) 田间调查:秋播出苗至返青阶段,按本地不同播期,选择有代表性的早、中、迟 3 块麦田,每 5 天调查一次,每块田在田边和田中各查 5 点,每点调查 20 株,共查 100 株,记载有蚜株率和百株蚜量。孕穗和抽穗阶段,调查时要注意观察叶鞘内侧和麦小穗之间的发生情况。调查方法同秋苗阶段。

(2) 防治指标:有蚜株率 15%~20%,或每株平均有蚜虫 5 头,立即进行防治。若在田边、屋旁荫蔽处有点片发生,应立即进行挑治,防止扩散为害。

防治措施 麦蚜在冬前数量较少,一般年份不足以造成为害。抽穗后到灌浆期是防治的关键。主要是药剂防治。

(1) 用 50%抗蚜威可湿性粉剂每亩 5~7 克,用 20%速灭杀丁乳油 15~20 毫升,或 2.5%敌杀死乳剂 20 毫升,或 80%敌敌畏乳油 25 毫升,加水 60 千克喷雾,或加水 5~7 千克低溶量喷雾。

(2) 土农药防治:①碳酸氢铵液。原料:碳酸氢铵、水。配法:将碳酸氢铵 0.5 千克,兑水 50~75 千克,搅拌均匀,使其溶化即可。每亩喷药液 50 千克。②烟草石灰水。原料:烟草、石灰、水。配法:烟草 1 千克,先用 40~50 千克水浸 1 昼夜,防治前再用 10 千克水将生石灰 1 千克溶化成石灰乳,过滤后倒入烟草水中,立即喷洒,每亩喷药液 50 千克。

十六、黏虫

黏虫俗称五色虫、花虫、行军虫。全国大部分麦区都有发生。除为害小麦外,也为害水稻、玉米和谷子,是一种暴食性害虫。

形态识别 成虫是一种淡黄褐色或淡灰褐色的中型蛾子,体长

16~20毫米，前翅中央有淡黄色圆斑2个及小白点1个，翅顶角有一黑色斜纹。卵呈馒头表，直径0.5毫米，初产白色，渐变黄色，孵化时黑色。幼虫体背多条纹，老熟时体长约30毫米，体色变化很大，从淡绿到浓黑，头淡褐色，沿蜕裂线有2条长黑褐色条纹，像"八"字，蛹红褐色，有光泽，长17~20毫米，在腹部5~7节背面的前缘，各有一列明显的黑褐色刻点。

为害症状 黏虫以幼虫为害麦叶及麦穗，初孵幼虫先在心叶里咬食叶肉，吃成白色斑点或小孔，农民朋友称"麻布眼"；三龄后向麦株上部移动，蚕食麦叶，形成缺刻；5~6龄进入暴食期，受害严重的麦田，麦叶全被吃光，仅留麦穗，造成光秆，甚至咬断麦穗。当一块田麦叶吃光后，就群迁到另一块麦田为害。

发生规律 成虫产卵繁殖和幼虫取食活动都喜欢温暖、潮湿的环境。产卵的适温在19~20℃，相对湿度95%最为适宜；高于25℃和低于15℃，产卵均逐渐减少。幼虫生长发育也喜高湿环境。初孵幼虫在高湿环境下成活率高，因而黏虫大发生年份，往往降雨频繁；高温、干旱不利于幼虫和成虫的生存繁殖。

凡靠近蜜源植物（如桃、李树、油菜、紫云英等）的麦地，黏虫发生量特多；种植太密、多肥、灌溉条件较好，生长茂盛的麦地，小气候温度偏低，相对湿度则较高，有利于黏虫的发生，受害往往较重。

黏虫在湖北一年发生5代，以第一代幼虫为害小麦，此后各代大多迁往外地，残留虫量为害不大。第一代幼虫的发生量，取决于外地迁入的蛾量。若当年3~4月降雨次数多，雨量适中，田间卵量大，孵化率高，幼虫成活率高，为害就严重；反之则轻。

测报办法

（1）查幼虫数量，定防治田块：根据县、乡情报，在幼虫孵化期，普查2~3次。调查时间在上午9点前或下午4点后为宜。条播麦地每块查3点，每点查麦行1米；满幅麦地每块查5点，每点查0.1平方米。调查方法：用面盆斜放在麦株基部，从上向下轻拍麦株，使幼虫跌落盆中，以便计数，然后折合成每亩幼虫数。当

图 22　凡靠近蜜源植物的麦地，黏虫发生量特多

每亩幼虫量达 8000～10000 头以上，定为防治田块。

（2）查幼虫龄期，定防治日期：在调查幼虫数量的同时，抽查部分田块的幼虫龄期，当 2～3 龄（约一颗大米长）幼虫占幼虫总数的一半左右时，立即进行药剂防治。

防治措施

（1）草把诱卵：盛蛾期用 10 根左右的好稻草，对折扎成小把，将口朝下捆在高于麦株的木棍上，每亩插 10 把左右，诱蛾产卵。隔 7～10 天换把一次，换下的草把立即烧毁。或用糖醋液诱杀成虫，糖醋液配法：酒∶水∶糖∶醋 =1∶2∶3∶4，加适量的敌百虫。

（2）药剂防治：小麦抽穗期，达到防治标准的田块，选用下列方法用药：亩用 8～10 克或 25% 灭幼脲 3 号 20～30 克，兑水 80～100 千克喷雾，防治效果均在 90% 以上，持效期长达 20 天，对瓢虫、食蚜蝇、蚜茧蜂和草蛉等多种天敌均无明显杀伤作用。

十七、麦蜘蛛

麦蜘蛛,农民朋友叫火龙、地火,是常见的麦类害虫。湖北有麦圆蜘蛛和麦长腿蜘蛛两种,前者多发生在低湿田,后者主要发生在旱坡地。除为害小麦外,也为害大麦、豌豆。

形态识别 麦蜘蛛是很小的红色蜘蛛,一生中经过卵、若蛛和成蛛3个时期,一龄若蛛称为幼蛛,只有3对足;2龄以后称为若蛛,它和成蛛一样有足4对。麦圆蜘蛛体长约0.6~0.7毫米,红褐到黑褐色,椭圆形,4对足差不多一般长;麦长腿蜘蛛体长在5毫米以内,红色到黑褐色,菱形或长圆形,两端稍尖,1、4对足特别长,2、3对足较短。

为害症状 麦蜘蛛的成蛛、若蛛密集在麦苗上吸食汁液,被害叶片先出现白色小点,逐渐变黄,受害严重时,全叶枯黄,植株生长矮小,甚至大片麦苗枯黄致死。

发生规律 麦蜘蛛在湖北一年发生2~3代,主要以成虫和卵在麦根下越冬,3月上旬天气转暖,幼虫开始活动,越冬卵也陆续孵化,数量逐渐增多。麦长腿蜘蛛在15~16℃发生最多,麦圆蜘蛛的适宜温度在8~15℃。日平均气温在20℃以上,成虫则大量死亡,一般在4月下旬,成虫潜伏于麦根内产卵越夏。

麦圆蜘蛛比麦长腿蜘蛛出现早。两种蜘蛛大多在夜间产卵,离麦根愈近,产卵愈多。冬季雨雪少。来年3~4月温度适宜,阴雨多,麦圆蜘蛛发生时间长,为害重;3~4月天气干旱,温度适宜,麦长腿蜘蛛发生重。

测报方法 根据两种麦蜘蛛的发生规律,选择有代表性的麦田,从11月下旬至12月上旬和来年3月上中旬至4月下旬两段时间,每5天调查1次,每块查5点,每点查麦行1/3米(1尺)长,目测两种蜘蛛的发生量及麦苗受害情况。当麦苗有螨株率达20%~30%;春季麦株拔节后,每米长麦行有蜘蛛600头以上,大部叶片10%的叶面积有失绿斑点,或百株螨量500头以上,立即进行防治。

防治措施

（1）农业防治：①翻土压卵。在麦收后及时翻耕，将麦桩和残叶埋入土中，消灭部分越冬卵。②小麦拔节前，有镇压麦苗习惯的地区，用石滚镇压或翻耙壅麦，可杀死大部分蜘蛛。③麦蜘蛛喜欢潜伏在土缝中，在有水浇习惯的地方，结合浇水，把躲在麦根和土缝里的蜘蛛淹死。

（2）药剂防治：每亩撒施1.5%乐果粉1.5千克，或20%三氯杀螨醇100克，或40%乐果乳剂45毫升，加水60千克喷雾，或加水5~8千克低溶量喷雾。

十八、小麦吸浆虫

小麦吸浆虫，农民朋友叫小红虫，是为害小麦的一种重要害虫。我国有小麦红吸浆虫和黄吸浆虫两种。红吸浆虫主要发生在平原地带；黄吸浆虫多发生在高原和山区盆地，两种吸浆虫在湖北均有发生。

形态识别 吸浆虫的成虫形状和蚊子很相似，只是比蚊子还要小一半左右。颜色和蚊子完全不同。背上有一对膜质的翅，呈紫色，并有光泽。3对足细长。

红吸浆虫：体色橘红色，雌成虫体长2.5毫米，翅展5毫米，产卵管比身体短；雄成虫体长2毫米，翅展约4毫米。卵长圆形，淡红色。幼虫是橘红色小蛆，老熟时体长3毫米左右。蛹黄褐色，头部1对短毛比呼吸管短。

黄吸浆虫：体色姜黄色，雌成虫体长2毫米，翅展4.5毫米，产卵管比身体长；雄成虫体长1.5毫米，翅展约3.2毫米。卵细小，长圆形，略弯曲。幼虫体色姜黄色，老熟幼虫体长2.5毫米。蛹黄褐色，头部1对短毛比呼吸管长。

为害症状 幼虫在小麦穗期侵入小麦壳，吸食正在灌浆的麦粒浆汁，使麦粒不饱满甚至空秕，麦株先贪青，后早枯；对光看麦壳，可看到多条幼虫。大发生年份常造成严重减产。

发生规律 小麦吸浆虫一年发生一代，以幼虫在7~10厘米深的土中结茧越夏、越冬。第二年春化蛹，约在小麦抽穗期羽为成虫，产卵在麦穗上，幼虫孵化后侵入麦颖内为害。雨水是虫害发生轻重的一个重要条件。在成虫活动和卵孵化阶段，气候干燥，对其繁殖不利，虫害发生较轻；当麦穗内的幼虫进入老熟时，如果天旱无雨，幼虫不能入土，在这种情况下，麦株上的幼虫数量虽大，但来年也不可能发生。虫害发生轻重还与小麦品种的关系很密切，凡小穗稀疏、壳薄、合得不紧，抽穗、齐穗期正遇到成虫盛发期，这类品种受害较重。

测报办法

（1）查成虫，定防治适期：按当地栽培小麦品种，从早熟品种抽穗时起，到晚熟品种灌浆时止，选择不同播种期的麦田，每3天查看一次，每块田查5个点，蹲在麦沟中，双手轻轻扒开麦株中部，观察起飞成虫数，当一眼看到（约0.2平方米范围内）有成虫4~6只起飞，表示成虫盛发期开始，说明防治适期已到。

（2）看小麦长势与虫量，定防治田块：当成虫进入盛发期，立即开展普查，凡正在开始抽穗到扬花前的麦田，都要注意调查。每天检查麦株1次，目测起飞虫数，防治指标同上。早抽穗、早达标的田先防治；迟抽穗、虫量少或属抗虫品种的田块，迟防治或不防治。

防治措施

（1）防治小麦吸浆虫，在化蛹期每亩用40%毒死蜱乳油200毫升，拌毒土撒施，效果很好。据陕西经验，幼虫化蛹期施药的防治效果最佳，其次为成虫期和幼虫上升期。蛹期防治的最佳药剂是甲基异柳磷，其次是辛硫磷和甲基1605，成虫期防治应重点抓抽穗阶段；每亩用80%敌敌畏100毫升，拌土撒施；或40%乐果100毫升，兑60千克水喷雾；或亩用1.5%千克喷粉。喷粉宜在午间进行，效果较好。

（2）土农药防治：泽漆（猫儿眼、灯台草）液。配法：泽漆

20千克，兑水100千克，浸泡24~48小时，或放入大锅中加水煮沸，冷却后过滤去渣，用滤液喷雾。

十九、小麦其他病虫害

小麦立枯病

症状识别 小麦立枯病从苗期到抽穗灌浆期都可为害。苗期受害，茎基部出现褐色条斑，易于枯死。成株期受害，基部叶鞘和茎秆上产生椭圆形或纺锤形病斑，中央淡褐色，引起腐烂；严重时，病斑呈不规则形，连成云纹状花秆，易折断倒伏。病原为真菌半知菌类丝核菌属。

防治措施 麦地开好"三沟"，降低地下水位；每亩用50%福美双可湿性粉剂或70%敌克松0.3千克，加细土20~25千克，拌匀后撒施，效果较好。

小麦雪霉病

症状识别 小麦雪霉病又称雪腐叶枯病。病原为真菌半知菌类镰孢霉属。湖北江汉平原有发生。病菌为害麦苗，叶片病斑初为水渍状，后扩大近圆形大斑，中间褐色，边缘灰褐色，常形成模糊轮纹，病斑中央生有淡红色霉，严重时，整个叶片死亡。扬花期后受害，旗叶叶鞘处失绿变褐，向叶鞘扩展至全部，潮湿时生有橘红色霉。病穗和赤霉病穗腐相似。

防治措施 选用抗病品种；深耕灭茬；增施底肥；北方麦区适时灌水。药剂防治可参照赤霉病。

小麦土传花叶病

症状识别 由一种病毒引起。病株叶片出现不规则的黄绿色条斑花叶。首先从麦株心叶或心叶的下一叶受害，由黄色小点逐渐扩大成鲜黄和绿色相间的斑块或条纹，然后剑叶表现深绿或浅绿相间的短细条花叶；病株矮化，或产生过多分蘖而呈丛簇状。

防治措施 选用抗病良种；防止病土传染；避免病田的水流到无病田；增施底肥，初病时施速效氮、磷肥；重病田轮作换茬。

小麦叶蜂

形态识别 成虫是一种黑色小蜂，有蓝色光泽。雌成虫体长8.6～9.8毫米，触角比腹部短；雄成虫体长8.0～8.8毫米，触角与腹部一样长。卵为腰子形，长约1.8毫米，淡黄色。幼虫身体圆筒形，头部褐色，后缘中央有一黑圆点，共分5龄，末龄幼虫体长18毫米左右。

防治措施

（1）深耕灭虫；上年发生重的麦田，秋播前深耕翻土，将休眠中的幼虫翻到地面上，让其冬天冻死。

（2）药剂防治：根据幼虫发生密度，一般应掌握在3龄前进行。喷雾可用90%万灵粉剂3000～5000倍液，或50%辛硫磷乳油1500倍液，或40%氧化乐果乳油4000倍液，每亩喷药液50～60千克。

麦秆蝇

形态识别 成虫是一种小苍蝇，体长3～4.5毫米；身体黄绿色，斑纹色泽变化较多；腹眼黑色；触角黄色；胸部背板上有深褐色的平行纵纹3条，中央一条纵纹最长；腹部黄色，背面中央及两侧均有黑色纵纹，末节黑色。卵近梭形，长1毫米左右，初产时白色，孵化前变淡黄色。幼虫俗称麦蛆，身体细长，黄绿色，末龄幼虫体长6～6.5毫米。

防治措施

（1）加强田间管理：包括深翻土地；消灭杂草，精耕细作；增施底肥；适时早播、浅播；合理密植等。提高麦株抗虫能力。在越冬幼虫化蛹羽化前，及时清除越冬幼虫的杂草寄主（看麦娘、猫猫草、棒头草等）以压低当年的虫口基数。

（2）选育抗虫良种。

（3）药剂防治：掌握成虫盛发期或幼虫盛孵期，选用50%来福灵、或20%速灭杀丁每亩20毫升喷雾，也可用50%辛硫磷、或50%氧化乐果每亩50毫升喷雾，亦可用2.5%敌百虫粉每亩1.5~2千克喷粉。

第四章 旱粮（玉米、高粱、谷子、蚕豆）病虫害

一、玉米丝黑穗病

玉米丝黑穗病，农民朋友又叫乌米、火烟苞。湖北主要发生在鄂西山区二高山地带。病原为真菌担子菌纲轴黑粉菌属。

症状识别 主要为害穗部，故在玉米抽穗前后才出现症状。雄穗（天花）受害后花器变形，里面是黑粉；雌穗（果穗）受害后除苞叶外，全部变成一大团黑粉，一般不易飞散，后期干燥时易散落，里面有乱头发状的残留物。病株一般雌雄穗部都可受害，但也有其中之一受害的。有些杂交玉米在苗期症状就很明显，表现为植株矮化，茎秆下粗上细如竹笋状，叶簇生变硬上挺，叶色暗绿、分蘖增多，有的在第4~5片叶上有几条黄白色条纹。

发生规律 主要是土壤和种子带菌。病菌厚垣孢子（黑粉）可在土壤中存活三年左右。病田土壤和混有病残组织的粪肥是病害的主要侵染来源，附在种子表面的厚垣孢子也可传病。玉米播种发芽时，病菌萌发，从玉米幼芽的芽鞘或幼根处侵入。随植株生长发育而扩大到生长点，最后为害花芽和原始穗，破坏穗部，形成大量黑粉，成为丝黑穗。

病菌可在种子白尖期到幼苗4叶期侵入；病菌发芽与土壤温、湿度有关。土壤相对湿度为60%时发病严重，而相对湿度为80%时，则发病显著减少。由于病菌孢子可在土壤中存活很长时间，因而玉米连作年限越长，发病越严重。坡地、山地（特别是

第四章 旱粮（玉米、高粱、谷子、蚕豆）病虫害　　　　117

图23 玉米丝黑穗病危害雌穗玉米，果实变成黑粉

800~1200米的二高山）发病重；播种过深、播种质量不好的发病重。
防治措施
（1）选用抗病品种和培育抗病杂交玉米。
（2）种子处理：用种子重量的0.3%的羟锈宁拌种，即每100千克种子用25%干拌种剂250~300克拌种。因种子表面光滑，需加黏着剂（如果种子量少，可以用湿毛巾将种子擦湿润，然后拌种），黏着剂用稠米汤或用面粉煮成稀糨糊均可，以便药剂能黏附在种子表面。或用种子重量的0.4%的粉锈宁拌种，方法同上。
（3）栽培措施：适时播种，育苗移栽。抢墒播种，浅播薄盖。

深耕翻埋病残株。不用病秆作肥。出现初期症状及时拔除病株。

（4）轮作换茬：发病特别严重的田块，实行轮作，除高粱之外均可。轮作期三年。

二、玉米大、小斑病

玉米大、小斑病是玉米的主要病害，分布范围很广。湖北在20世纪70年代发生较重，随着抗病杂交品种的推广，病情得到控制。病原为真菌半知菌类长蠕孢属。

症状识别

大斑病：主要在成株叶片上，有时也为害叶鞘和苞叶。病斑扩展后为长菱形大斑，一般长5~10厘米，宽1厘米左右，青褐色至枯黄色，病斑可联结成不规则形。天气潮湿时，病斑上生灰黑色霉，以叶背面最多。

小斑病：幼苗和成株都可发病，植株地上部位都表现症状，但以叶片为主，叶鞘、苞叶和茎秆等部位为次。叶上病斑扩展后成椭圆形至长形，比大斑病明显的小，一般长5~10毫米，宽1~3毫米，病斑初为水渍状略透明，菱形或椭圆形，后为黄褐色或橘白色，边缘赤褐色，有时有2~3层轮纹。病斑数量比大斑病多，潮湿时病斑上生黑色霉。茎秆和果穗受害，导致茎腐和果腐。

发生规律　两种病菌主要以菌丝体、分生孢子在病残体上越冬，成为次年病害的初侵染源。条件适宜时，越冬后的分生孢子借风、雨传到玉米植株上，萌发侵入，引起初侵染。田间植株发病后，病菌还可进行再侵染。玉米收获时，病菌随病残体进入越冬场所。

发病与品种、温度、雨水、施肥，连作等有关。品种之间特别是杂交玉米种之间的抗病性有显著差异。气温在20~25℃利于大斑病流行；25~30℃利于小斑病的流行。一般是春玉米大斑病较重；夏玉米和秋玉米小斑病较重。阴凉山区和湿度较低的地带大斑病较重；平坝和温度较高地区小斑病较重。长江流域温度比较高，易满足两病的要求，关键是 6～7 月份雨水，若雨水多湿度大，有利于两病的流行。在高温干旱的天气，两病都受到抑制。

在重茬地，房前屋后地块，或施用病玉米秆堆制农家肥地块，以及晚玉米地均受害重。底肥不足，后期脱肥，氮磷钾比例失调，植株生长不良，抗病力差，也可导致病害发生。

防治措施

（1）选用抗病杂交品种，淘汰感病品种。

（2）处理病残株，清除病源：对玉米苋子和病株残叶要深耕深埋；用病残株堆肥时，要高温发酵腐熟后再用。

（3）农业防治：①适时早播。可采用薄膜、育苗移栽等方式种植，促使早发苗，避开病害侵染时间。②间作套种。玉米地预留行种植其他作物，有利于通风透光，改善田间小气候，抑制病害侵染。③对排水不良，地下水位高的地块，应及时作好清沟排渍工作。

（4）药剂防治：对播种较晚的感病品种，在发病初期，用 50% 多菌灵 500 倍液，或用 65% 代森锌 800 倍液，或用 70% 甲基托布津 500 倍液，或用 70% 代森锰 1000 倍液，从心叶末期到抽丝期开始喷药，每 7 天一次，共喷药 2～3 次。

三、玉米黑粉病

玉米黑粉病，农民朋友叫"灰包"，在玉米各生育期均可发生，为害雄穗（天花），雌穗（苞谷果穗）以及茎、叶等。病原为真菌担子菌纲黑粉菌属。

症状识别 玉米抽雄前后症状逐渐明显。受害部位长出大小不等的肿瘤，瘤初为白色或红紫色，后变为灰色，破裂后散出黑粉。得病的雄花、颖片常增生延长成叶状。此病与丝黑穗病症状不同之处在于：丝黑穗病只为害穗部，而不长病瘤，有像头发丝一样的残留丝状物；而黑粉病可以为害玉米植株各部位，且产生病瘤，无残留丝状物。

发生规律 病菌以冬孢子在土壤、粪肥中越冬,成为第二年病害的初侵染源。病菌孢子随风飘散,从玉米的幼嫩组织或伤口侵入,产生一种类似生长刺激素的物质,刺激组织细胞形成病瘤。黑粉病的发病适宜温度在 26~30℃,一般是高温高湿的天气有利发病。氮肥过多的田,植株生长柔嫩,或肥料不足,植株密度过大,或田间施用带有病菌的肥料等,发病都会严重。头年发病重的田,第二年发病也重。太旱和过湿不利于此病发生。此外,玉米螟为害,或去雄后以及暴风雨后,造成大量伤口,都有利于病菌侵入。

防治措施

（1）选用抗病品种。

（2）清除病源：发现病瘤,及早割除,集中深埋或烧毁。收获后,彻底清除田间残株落叶,减少土中越冬菌源。发病重的田,要尽量避免连作。

（3）拌种预防：每百斤种子用 25% 粉锈宁 200 克；或用 50% 多菌灵粉剂 0.25 千克。拌种时先用湿毛巾把种子擦湿润,然后拌药。拌后即播种。

（4）注意农事操作,减少伤口：及时防治玉米螟等害虫；田间操作时尽量避免损伤植株。

四、玉米螟

玉米螟,农民朋友称玉米钻心虫,是一种食性很杂、分布很广的害虫。除为害玉米外,还为害高粱、棉花和麻类等多种作物。

形态识别 成虫黄褐色,前翅有锯齿状条纹,雄蛾较雌蛾小,颜色较深。雄蛾长 10 毫米左右,翅展 20~26 毫米；雌蛾长 12 毫米左右,翅展 25~34 毫米。卵扁椭圆形,长约 1 毫米,初产时乳白色,逐渐变黄白色,鱼鳞状,排列成不规则的卵块。幼虫初孵时淡黄白色,后变为灰褐色,成熟后体长 20~30 毫米,身体各节有 4 个横排的深褐色突起。蛹黄褐色,长 16~19 毫米,纺锤形,尾部末端有小钩刺 5~8 个。

为害症状 以幼虫为害玉米茎、叶及穗部,玉米植株幼嫩部分受害最重。心叶受害,造成花叶和虫孔。在虫孔周围有时还附带着一些虫粪,抽雄后钻蛀茎内,影响雌穗分化与养分输送,使植株易遭风折。打苞时蛀食雄穗,常使雄穗或其分枝折断,影响授粉。穗期为害雌穗轴、花丝及籽粒,影响产量及质量。

发生规律 玉米螟多在玉米等作物秸秆中越冬,次年春,当玉米出苗到喇叭口之间,蛾子产卵,卵块多产在叶背主脉两侧。影响玉米螟发生量的重要因素之一是越冬幼虫的多少。越冬虫量大,冬春气候条件适宜,第一代发生重。幼虫在幼嫩的植株上迁移频繁。心叶期后,迁移减少;打苞以后,大部分群集到穗内为害;雄穗露出时,开始向下转移;抽穗一半时,大量转移,全部抽穗后,大部分蛀入茎节或到刚抽出的雌穗内为害。1~3龄幼虫多在茎穗外部活动,4龄以后开始蛀入茎内。

玉米螟的发生,为害与气候条件关系密切。温度对其影响不大。在北方,越冬幼虫在零下30℃的低温下,短时间可以不死;而在南方夏秋季生活的幼虫,在35℃左右的高温下亦能正常活动。但对湿度则比较敏感,多雨高湿常是虫害大发生的条件;湿度愈低,对玉米螟的发生愈不利,受害愈轻。

测报办法 查卵块定防治田块:在各代产卵盛期,按照玉米生长情况,排田块,分类型,按对角线5点取样,每点20株,共查100株,定株检查卵块数。每3天检查一次,记载叶背的产卵块数。凡是百株累计卵块数达30块,或是玉米心叶末期花叶率达10%时,应定为防治田块,并立即用药普治;虫量大的需防治两次。心叶末期花叶率在10%以下的田块,根据情况进行挑治。

夏玉米生育期短,一般防治一次即可。当穗期虫穗率达10%,或100穗花丝有虫50头时,应在抽穗盛期防治;如果虫穗率超过30%,除抽穗盛期防治一次外,6~8天后还应再治一次。

防治措施

(1)消灭越冬虫源:越冬幼虫羽化之前,因地制宜采用各种方法,处理越冬虫源。如将玉米秆铡碎沤肥,或把有虫的茎秆烧

图24　湿度愈低,对玉米螟的发生愈不利,受害愈轻

掉,或者在春玉米收割后,用石滚滚压秸秆,压死幼虫和蛹。

(2) 在玉米心叶末期进行喇叭口施药,用3%呋喃丹颗粒剂,每亩用量为0.5千克左右。

(3) 生物防治:用青虫菌粉0.5千克,均匀拌细土100千克,配制成菌土。每亩用菌土3千克左右,点施于心叶,或用杀螟秆菌粉0.5千克(含菌量120亿左右),加细土100千克拌匀,撒在心叶内。每千克菌土可撒施700株左右。

(4) 农药防治:B·t乳剂150克(3两)加颗粒载体(沙或细土)5千克;或者每亩用25%西维因可湿性粉200克,加颗粒载体5千克,制成颗粒剂,撒施于玉米心叶中;或用甲氨基阿维菌素乳油140毫升,拌毒土10千克,于玉米喇叭口期撒施于玉米心叶中。

五、高粱黑穗病

高粱黑穗病分为丝黑穗病、散黑穗病和坚黑穗病三种,都是为害高粱穗部。病原为真菌担子菌纲轴黑粉菌属。

症状识别

丝黑穗病：农民朋友叫灰包。感病植株比健株矮小，穗部完全被病菌所破坏，穗形消失：病部初期表面包有一层白色带光泽的薄膜，病菌成熟后，薄膜破裂，现出卷发状的黑丝，并散发出黑色粉末。

散黑穗病：农民朋友称裸黑穗病，高粱感病后一般到抽穗阶段才表现出症状，并因品种不同，症状表现也有差异，明显的是病株比健株矮小，抽穗一般较早，病穗的护颖较长，子房被病菌破坏，穗部籽粒全部变成黑色粉末。起初外面包着薄膜，薄膜破裂后黑粉飞散，只留下长而明显的黑色中轴。

坚黑穗病：又称粒黑穗病。病穗的护颖比健穗短，病粒向外突出，呈长卵形，暗灰褐色，内部充满暗褐色的粉末，即病菌的厚垣孢子。病粒的外膜不易破裂，在自然状态下，黑粉不易飞散。有时病粒的顶端可破裂，露出部分由花器变态而形成的中轴，但黑粉仍不易飞散。

发生规律 以种子、土壤或粪肥带菌传播。厚垣孢子落入土壤中，或附在种子表面，或混在粪肥里越冬。当高粱种子发芽时，孢子萌发浸入幼芽，随高粱生长而进入生长点。待高粱幼穗形成时，病穗破坏穗部花器，形成黑粉。一般适合高粱种子萌发的条件同样也适合于此病菌侵染。但以土壤温、湿度较低时发病重；或者连作地、播种较晚发病重。

防治措施

（1）选用良种：从无病田内挑选高粱穗，单收单脱单贮藏，以备第二年做种。

（2）加强栽培措施：实行秋耕，减少菌源；播种期不要太晚；避免使用带菌肥料；感病严重的田块轮作2～3年。

（3）种子处理：用20%萎锈宁乳油1千克，加水5千克，混匀后搅拌高粱种子75千克，堆在席子上，面上用麻袋覆盖，闷种4小时，稍加晾晒，即可播种。或用种子重量0.7%的多菌灵（有效成分50%）拌种，方法同上。

六、高粱蚜虫

高粱蚜虫农民朋友叫腻虫，主要为害高粱和甘蔗，分布比较广泛。

形态识别 有翅蚜身体为长椭圆形，头、胸部黑色，腹部淡黄色或淡红色，体长约1.5毫米，触角较短，约为体长的二分之一。无翅蚜身体为卵圆形，体长1.5～2毫米，头部略带黑色，胸腹部淡黄色或淡红色，秋末体色变深，发暗。卵长椭圆形，长约0.5毫米，宽0.3毫米，初产时黄色，后变黑色，有光泽。

为害症状 高粱蚜主要群集在叶背面与叶鞘内外，吸取高粱汁液，并在叶片上排泄密露，引起霉菌腐生。虫害发生重的年份，高粱叶面密露成层，反光发亮，农民朋友叫"起油"。被害高粱由于养分大量消耗，光合作用受到阻碍，轻者叶片变红，重者茎秆酥软早枯，或从中部弯倒出现"拉弓"，甚至不能抽穗，或者抽穗不能开花结实，造成严重减产。虫害大发生年份，成为毁灭性被害。

发生规律 高粱蚜有间歇性突然大发生的特点。影响发生的主要因素为气象条件，其中以湿度的影响最为突出。一般干旱中温，如旬平均温度为24～28℃，相对湿度为60%～70%，旬降雨量20毫米以下时，最适宜蚜虫繁殖和为害。如温度低于10℃或超过37℃，相对湿度在75%以上，旬降雨量超过50毫米，其繁殖就受到抑制。

地势低洼，背风的高粱地发生早，受害重；晚播地，含糖量大的多穗高粱及杂交高粱制种田，虫害发生也较重。天敌对其发生有一定的抑制作用。高粱蚜的主要天敌有瓢虫、食蚜虻、食蚜蝇、草蜻蛉和蚜茧蜂等。当天敌的数量超过蚜虫数量的10%时，蚜虫发生就轻。

测报办法 选择有代表性高粱地两块，每5天调查一次，分别记载蚜株率、百株蚜虫量和天敌数量。如果蚜虫发展迅速，5日间蚜虫数猛增,同时长期干旱少雨,气温偏高,或气温不显著偏高,但干旱时间长,天敌数量不到蚜虫量的1%,高粱蚜即有大发生的可能。此时应开展普查,特别注意"窝子密"的发展动态,以便及时防治。

防治措施

(1)消灭越冬虫源:9月下旬以后到次春越冬卵孵化前,将田间和附近的荻草全部齐根或连根铲除,就地烧掉和沤肥。

(2)采用间作套种,利用自然天敌:南方可用高粱与大豆间作,北方用高粱与小麦间作。大豆或小麦上的天敌后期转移到高粱上,可收到明显控制蚜害和两作丰收的效果。

(3)药剂防治:及时挑治"窝子密",并于孕穗期前后全面施药控制蚜害,是药剂治蚜的关键。每亩喷用10%的蚜虱净或10%的大功臣可湿性粉剂15克兑水50千克喷雾。

七、谷子白发病

谷子(又称小米、粟谷)白发病,农民朋友称"枪杆"、露心、糠谷老、谷花。是谷子上为害最大又较常见的一种病害,在全国发病很普遍。病原为真菌藻状菌纲指梗霉属。

症状识别 谷子从苗期到成熟期均可发病。在不同的生长阶段,所表现的症状也不一样。未出土的谷子幼芽感病后一般在土下扭曲枯死;幼苗期发病,叶片呈枯黄色,间有黄白色条纹,湿度较大时,叶背面长出白色霉状物;成株期受害,病株上部叶片常出现与叶脉平行的黄白色条纹,空气潮湿时,叶背面有白霉,心叶不能展开,仅长出1~2片肥短的黄白色顶叶,即称为白尖。白尖顶叶经10天左右,渐由黄白色变为褐色,成"枪杆"状,最后分裂成细丝,散发出许多黄褐色粉末,剩下枯白色叶脉,散乱成头发状。早期发病的植株,多数不能抽穗。发病较晚的植株,穗形肥短。病穗小花内外颖变长,成小卷叶状,全穗蓬松像鸡毛帚。

发生规律 从病叶和病穗上落到地里的卵孢子,是本病初次侵染的重要来源。病菌卵孢子生命力强,在土壤中可存活两年。此外,未经腐熟的带菌粪肥,以及黏附在种子表面的病菌,都可以成为来年发病菌源。

谷子发芽时,卵孢子萌发,从未出土的芽鞘或幼根表面直接侵入。随着植株生长,病菌也跟随向上蔓延为害,并陆续出现症状。病毒发生最适土温是20℃,土壤湿度为60%。病菌对2厘米以内的谷子幼芽侵染最容易。故春天播种期早,土壤湿度低,谷子出苗缓慢均有利发病;田间过湿则因缺氧而不利于病菌发育。

防治措施

(1) 轮作换茬:轮作是减少土壤传病的有效措施。由于病菌卵孢子可在土壤中存活两年以上,因此最好实行三年轮作。

(2) 拔除病株:发现有白尖的病株,要及早拔除,并烧毁或深埋。

(3) 种子处理:按种子重量计算,用0.5%的多菌灵,或用0.7%的敌克松拌种。

(4) 用1%石灰水漂种,漂去秕谷,对防治白发病有良好的效果。

八、粟灰螟

粟灰螟又叫谷子钻心虫、蛀谷虫。除为害谷子外,也为害玉米、高粱等。

形态识别 成虫为淡黄褐色蛾子,体长8.5~10毫米,翅展18~25毫米;雌蛾比雄蛾大。前翅近长方形,淡黄而近鱼肚白色,中央有一个小黑点,沿外缘有7个小黑点(也有6个的);后翅灰白色。卵扁椭圆形,平均0.8毫米×0.65毫米,初产时乳白色,孵化前灰黑色,2~3层重叠,排列成鱼鳞状的卵块。老熟幼虫体长15~23毫米,黄白色,头赤褐至黑褐色,背部有5条明显的茶褐色纵线,其中背线较细。蛹呈纺锤形,长约12毫米,初为黄白色,后变黄褐色。

为害症状 以幼虫蛀食谷茎,受害后造成大量枯心苗。成株期幼虫从抽穗节钻入茎内造成白穗,常形成穗而不实,或虽结实但易遭风折,不能很好成熟。虫害大发生年份可造成严重减产。

发生规律 越冬虫源是第二年发生轻重的一个决定因素。越冬虫量大,来年造成为害的可能性大。第二个因素是干旱与虫害大发生有较大关系。粟灰螟成虫产卵、孵化及幼虫的活动为害都喜欢干旱天气;干旱使受害谷子苗心叶失水枯萎,加速幼虫转株为害。早播谷发生较重,长势差容易受害。据河南新乡分析,5月份降雨量超过40毫米,雨日达8天以上时,即有大发生可能。

测报办法 于4月底至5月初开始,选择不同类型田,每5天剖查幼虫、蛹和蛹壳数,每次查50头,计算化蛹、羽化盛期。根据化蛹进度,推算羽化和产卵盛期,通常化蛹盛期(化蛹40%~50%)之后,10天左右为羽化盛期,盛期后7天内为田间防治适期;第二、三代发生期,可根据第一、二代化蛹、羽化进度推算,或根据黑光灯下成虫消长情况来确定防治适期。防治指标是每千株有卵5块以上,或者谷田中刚发现枯心苗时用药防治。

防治措施

(1)农业防治:因为粟灰螟绝大部分集中在谷茬内越冬,所以应以彻底处理谷茬消灭越冬虫源为主;其次是加强栽培管理。①齐泥割谷,少留茬桩。②耕地时,拣拾田间谷茬,集中处理。③适期晚播,错开第一代螟虫发生盛期。④幼虫发生期,结合田间管理,及时剪掉刚出现的枯心苗,带到田外及时处理,以减少下代虫源。

(2)药剂防治,主要是压前控后,即防治第一代幼虫,减少当代为害和二代虫源。在成虫产卵期,对达到防治指标的田块,可用2.5%的敌百虫粉剂,每亩2千克喷粉;或用90%晶体敌百虫1000~1500倍液喷雾。

九、蚕豆赤斑病

蚕豆赤斑病又称红叶斑病,农民朋友叫过火风,在湖北发生较普遍。病原为真菌半知菌类葡萄孢属。

图 25 蚕豆赤斑病又叫过火风

症状识别 主要为害蚕豆叶片、茎,在荚和根部也可受害。叶上病斑初为针头大小的赤褐色小点,逐渐扩大成 2~4 毫米的病斑,圆形或椭圆形,内部褐色稍凹陷,边缘赤褐色。干燥时病斑不增大,边界清楚,也不产生霉层;如果多雨潮湿,病斑迅速扩大,叶片变铁灰色,边界不清楚,上生灰色霉层,严重时引起落叶。茎受害出现赤褐色条斑,并可穿透荚壁,侵入种子。根部受害导致皮层腐烂,容易拔起。病重时一片枯焦,如同火烧一般,故称为"过火风"。

发生规律 病菌主要以菌核和菌丝在病残体上越夏、越冬,成为来年病害的初侵染源。在适宜条件下，菌核和菌丝都能产生分生孢子，借风雨传播，直接侵入植株，以后不断产生分生孢子，继续扩散为害。

温湿度对赤斑病的影响最大，病菌侵入最适温度在20℃左右，如果3~4月份蚕豆盛花结荚期间阴雨多湿，温度适宜，病害扩展较快，严重田块在几天内可造成全田枯黑。三四月份春旱则发病较轻。

播种过早，密度过高，生长柔嫩或连作的田块发病重；地势低洼，排水不良，土质黏重，植株生长衰弱也有利于发病；冬季受冻害，田间缺磷、钾肥，或受病毒感染的蚕豆也会加重此病。

测报办法 从4月初开始，检查发病情况。当病株率迅速上升，叶上病斑成倍增长，预兆病情已进入盛发期，此时天气预报未来几天有阴雨，应立即抢在雨前开展防治。

防治措施

（1）深耕灭茬，清除残株；早春发现中心病株，及早铲除。

（2）连年发病重的田块，实行轮作两年以上。可与小麦、大麦轮作。

（3）低洼潮湿地要开沟排水，降低土壤湿度。

（4）增施有机肥料和磷、钾肥；做到合理密植。

（5）药剂防治：从盛花期开始，对病斑上升快的田块，用50%多菌灵500倍液，或用50%灭菌丹500倍液，或用80%代森锌500倍液，或用1:0.5:100波尔多液。任选一种药剂，每亩喷药液量80千克。根据病情隔7~10天喷药一次，共喷2~3次。

十、蚕豆锈病

蚕豆锈病在蚕豆生长后期发病较普遍，一般感病情况下，引起蚕豆长势差，籽粒不饱满；严重时造成整株枯死，甚至颗粒无收。病菌除为害蚕豆外，也侵害豌豆、紫云英等作物。病原为真菌担子菌纲单胞锈菌属。

症状识别 此病主要侵染叶片，有时也为害茎秆和豆荚。叶片受害，两面先出现黄白色小点，不久变红褐色，突起成疱状，以后逐渐扩大为外围有黄色晕圈的锈褐色病斑；表皮破裂后，露出黄褐色的粉末，即病菌的夏孢子堆。受害茎秆和叶柄上的病斑与叶上的相同，斑点稍大，略带纺锤形。后期在叶片上，特别是叶柄和茎秆上，长出黑褐色椭圆形的隆起病斑，不久表面破裂，散发出黑褐色粉状物，这是病菌的冬孢子。

发生规律 病菌以冬孢子堆在被害茎、叶上越冬。第二年3～4月间，冬孢子萌发出担子或担孢子，侵入寄主形成锈子器，产生锈孢子，随风飞散，落在邻近蚕豆茎、叶上，形成夏孢子堆。条件适宜可进行多次侵染。气温在15～24℃，阴雨日多，相对湿度在95%以下，适宜病害流行。春季气温上升的田块，发病较重。早播田块发病轻，迟播或晚熟品种发病重，氮肥过多容易诱发此病。

防治措施

（1）选用早熟抗病品种，适当早播早收割，错开发病盛期。

（2）蚕豆收获后，深耕灭茬或将病秆沤肥，减少菌源。

（3）药剂防治：发病初期喷洒65%代森锌500倍液，或喷1∶1∶200的波尔多液，每亩用药液量80千克，根据病情每隔10～15天喷药一次，共喷药2～3次。

十一、蚕豆褐斑病

蚕豆褐斑病又称叶斑病，是蚕豆上最常见的病害。病原为真菌半知菌类壳二孢属。

症状识别 此病在蚕豆叶、茎和荚上都能侵染。叶部受害，最初表现为红褐色的小斑点，以后扩大成圆形和不规则形暗褐色的病斑，内有不明显的同心轮纹，中部灰色至灰褐色，上生许多黑色小颗粒。茎部病斑较大，形状和叶上斑相同，边缘红褐色，中部灰白色，表面也有黑色小点。豆荚上的病斑长圆形，凹陷，上面密生许多小黑点。

发生规律 病菌以菌丝潜伏在种子内，或以分生孢子器在病株残体上越冬。第二年春季，分生孢子器内排出分生孢子，引起初次侵染。分生孢子混有黏质物，往往于雨天吸水后从孢子器的孔口排出，并借风雨或昆虫传播。长江流域4月中下旬发病较重。春季低温多雨，田间湿度大，发病严重。播种过早，氮肥施用过多，有利于发病。

防治措施

（1）选用无病豆荚，单独脱粒留种。

（2）播种前用1%石灰水浸种24小时，或用55℃的温水浸种5分钟。

（3）发病初期，喷洒1:1:200倍波尔多液。早春田间出现中心病株，及早铲除。

（4）及时处理病秆：收获后，将发病的茎叶放入稻田沤肥，或作高温堆肥，充分腐熟后再用。

十二、蚕豆蚜

为害蚕豆的蚜虫，主要有苜蓿蚜和桃赤蚜。现以苜蓿蚜为例予以介绍。

形态识别 苜蓿蚜在蚕豆田中分有翅胎生雌蚜和无翅胎生雌蚜。有翅蚜身体黑色，触角第三节有感觉圈1~6个，排列成行。腿节和胫节端部为黄白色，腹管圆筒状，基部膨大，黑色；尾片两侧各有长毛6~8根。无翅蚜身体紫黑色，有光泽，触角第五节末端有一个圆形感觉圈。足黄白色，腿节及胫节端部黑褐色。腹部硬化，分节不明显；腹管漆黑色；尾片两侧各有长毛3根。

为害症状 苜蓿蚜多群集在蚕豆的嫩头、嫩茎、花序，刺吸汁液，造成嫩头萎缩，形成"龙头"。受害轻的，生长矮小，不能开花结实；严重的整株枯死。

发生规律 苜蓿蚜一年发生20多代，主要以卵在紫云英田内越冬。秋季蚕豆出苗后，就有少量蚜虫迁入，第二年春季气温上升

10℃时，开始为害。3月中旬田间出现个别"龙头"，4月上、中旬是扩散为害盛期，4月下旬普遍出现"龙头"。5月中、下旬蚕豆老熟，产生有翅胎生雌蚜，迁入大秋作物。气候对蚜虫发生程度有很大影响，气温 19～22℃，相对湿度 70%～80%，最适宜苜蓿蚜发生；春雨多的年份，发生轻。蚕豆长势好的田块为害重。

测报办法 从3月开始，选择长势好的蚕豆田块，分别检查蚕豆嫩尖、嫩茎上的蚜虫发生情况，当苜蓿蚜为害的"龙头"株占0.1%时，即进行药剂防治。

防治措施

（1）摘除"龙头"：早春在个别植株出现"龙头"症状时，摘除后带出田外沤肥，抑制蚜虫扩散蔓延。

（2）用 40% 乐果乳剂加水稀释 2000 倍，每亩喷 80 千克药液。

十三、蚕豆象

蚕豆象又称蚕豆红脚象，俗称牯牛。此虫分布很广泛，属于国内重要的植物检疫对象。

形态识别 成虫是一种小甲虫，体长 3.5～4.5 毫米，近椭圆形，体黑色，密布黄褐色细毛。头顶狭而隆起，复眼黑色，触角锯齿状。前胸背板前窄后宽。各鞘翅末端三分之一处有排成"八"字形的白色毛斑 1 列。小盾片方形，后缘中央凹入，密生白色细毛。腹末露在鞘翅之外，密生灰白色细毛。卵长约 0.6 毫米，椭圆形，一端略尖，表面光滑，半透明，淡橙黄色。幼虫体长 5.5～6 毫米，乳白色，体型弯曲，肥胖，通常有 1 条红褐色背线，胸足退化。蛹椭圆形，淡黄色。

为害症状 蚕豆象是一种专门为害蚕豆的虫子。以幼虫在蚕豆种子内蛀食。新鲜蚕豆受害，种皮外部先出现小黑点，这是幼虫的蛀入点。收获后，幼虫继续在蚕豆粒中为害，最后吃成一个空洞，表皮变黑色或赤褐色；如伤及胚部，不能发芽。一粒种子内通常只有 1 头幼虫，也有 3～4 头的。受害豆粒容易引起霉菌侵入，变黑带苦味,不能食用。

发生规律 蚕豆象每年发生一代,大部分成虫在蚕豆粒内越冬。第二年春天3~4月在田间活动,产卵于嫩荚上,一个荚上产卵2~6粒,最多达40粒。一头雌成虫一生可产卵35~40粒。幼虫孵化后侵入豆荚,然后蛀入豆粒为害,粒上留有黑色小蛀孔。蚕豆收获时,幼虫已有2、3龄,随豆粒带入仓内继续为害。幼虫老熟后,先在豆粒上咬成圆形羽化孔,豆皮仍留在孔上,然后在豆内化蛹,约在8月份羽化为成虫。成虫飞翔力强,行动迅速,有假死性,耐饥力特别强,半年不吃食仍可存活。

图26 蚕豆象的成虫飞翔能力强,行动也很迅速

防治措施 蚕豆收获时,豆料内的幼虫处于低龄时期,抓紧进行种子处理,可减轻为害。最好在收获后1个半月内处理。

(1) 药剂熏蒸:适用于家庭熏蒸,将蚕豆分装入大缸、土瓮、坛子等可以密闭的容器内,先在底部垫放干麦糠3.3厘米厚,再轻轻倒入蚕豆。容器上部留空间10~15厘米,上面用麦糠盖成馒头形,再用泥巴封闭。施药时,在容器顶部掏施药洞1~2个,洞底留麦糠3.3厘米左右，使药剂不与蚕豆直接接触。每立方米蚕豆用氯化苦60~70克；或用磷化铝，每75千克蚕豆用药1片（3克）。施药后将洞立即封闭。72小时后揭开泥顶，散发毒气。

（2）开水烫种：适用于少量蚕豆处理。锅内装水7成满，水烧开后，把盛有蚕豆的篮子放进锅里，让水浸没蚕豆，上下搅拌，继续烧火，保持水温；半分钟后取出豆篮，速在冷水中浸一下，摊开晒干后贮藏。这样处理对留种或食用都无影响。

十四、旱粮其他病虫害

玉米纹枯病

症状识别 主要为害叶鞘，从茎基叶鞘开始，逐渐向上部叶鞘发展。病斑初为水渍状，像被开水烫过，以后病斑中央淡褐色，边缘暗褐色，呈云纹状斑块。茎秆病斑黑褐色下陷。果穗受害导致穗腐，潮湿时病部可生白色霉，后期病叶鞘内侧产生菌核。病原是一种真菌，无性时期为半知菌类丝核菌属。

防治措施
（1）发病初期剥除基部病叶鞘。
（2）药剂防治，可用井冈霉素或代森锌防治。

玉米褐斑病

症状识别 主要发生在叶鞘和叶片上，病斑紫色或紫褐色，大小1毫米左右，后期表皮破裂，露出褐色粉状物；茎秆受害后易折断，病原是真菌中的一种鞭毛菌，即玉蜀黍节壶菌。

防治措施 主要是加强栽培管理，培育壮苗；重病田轮作两年以上。

玉米青枯病

症状识别 全株都可以发病。病原为真菌半知菌类镰刀菌属。

玉米感病后，在灌浆至乳熟期症状最明显，病株起初出现萎蔫状，然后叶片从上到下突然青枯，茎基1～2节或3～4节失水干缩，果穗后期下垂，根部空心变软，须根少，皮层易剥脱，最后全株干枯。

防治措施 选用抗病良种；重病田可与甘薯（红苕）轮作2～3年；收获后拾净田间病残株并烧毁，深翻土地；建立无病留种田。

高粱炭疽病

症状识别 主要为害叶片，发病初呈紫褐色小斑，后成椭圆形至长形斑，边缘紫红，中心黄褐色，病斑上生黑色小点。穗轴发病初呈浓褐色病斑，后生黑色小点。病原是真菌中的半知菌，即禾生刺盘孢。

防治措施 选用抗病品种；收获后拾净田间病残体，深翻土地；种子处理，可选用多菌灵、福美双和甲基托布津拌种。

蚕豆轮纹病

症状识别 主要为害叶片，叶上初生红褐色圆形小斑，后扩大成0.6～1.5厘米的大斑，中央黑褐色，周缘红褐色，环带状，病健界线明显。病斑有大环套小环的轮纹，潮湿时，两面生灰色霉，病部可腐烂穿孔。茎上病斑灰黑色，长梭形，病原为真菌半知菌类尾孢属。

防治措施 收获后拾净田间病残株；加强田间管理，增施钾肥；用0.5∶1∶120波尔多液或甲基托布津喷雾。

蚕豆立枯病

症状识别 为害根和茎基部，病斑呈不规则形，先是红褐色，略凹陷，后变黑褐色，出现纵裂纹，逐渐枯腐干缩。天气潮湿时，扒开土壤，可见烂根表面有黄褐色的蛛丝状物，茎内外有许多棕色的、互相联结的小颗粒体，表面很粗糙，这是病菌的菌核。病原为真菌半知菌类丝核菌属。

防治措施 发病严重田块实行轮作；加强栽培管理如排水、松土等；其他方法参考蚕豆赤斑病。

蚕豆枯萎病

症状识别 主要在蚕豆开花结荚期发生。病株叶片由下而上变黄，叶尖和叶缘内卷，早枯发黑；根部及茎部受害后变黑，表面常有丝状白霉，这是病菌的菌丝体；潮湿时，还可看到有淡红色霉层。细根腐烂，主根干枯像老鼠尾巴，根内维管束变黑色，极易拔起。

防治措施 收获时清理田间病残株；减少来年病源；重病田实行轮作；加强田间管理，生长期间做到不缺水肥，增施钾肥；种子处理，可用56℃温水浸蚕豆种子5分钟后播种。

蚕豆花叶病毒病

症状识别 湖北发生的主要是普遍花叶病毒病。病叶变成黄绿相间的花叶，皱缩卷边，形状呈狭长或圆形，以嫩叶上症状比较明显。病重时，病叶出现褐色枯斑，病株矮缩，花序皱缩，有嵌纹，严重时不结荚。病原是由病毒侵染引起。

防治措施 及时防治蚜虫，预防此病发生；适时播种，清除病株，加强肥水管理，减轻为害。

第五章 薯类病虫害

一、马铃薯早疫病

马铃薯（洋芋）早疫病，又称夏疫病、轮纹病，除为害马铃薯外，还侵染番茄、茄子等。病原为真菌半知菌类交链孢属。

症状识别 主要为害叶片，也能为害茎和薯块。叶片上的病斑褐色至黑褐色，近圆形，病部与健康组织的界线分明，病斑扩展快，但有一定限度，一般直径不超过3~4厘米，有黑色同心轮纹，潮湿时产生黑霉，即病菌的分生孢子。病情严重时，从下部叶往上枯黄脱落。受害薯块，在表皮上产生圆形或不规则形的病斑，暗褐色，病部稍下陷，边界清楚。皮下变成浅褐色海绵状干腐。

发生规律 病菌在寄主残体和带病薯块上越冬。第二年薯块发芽时即开始侵染。新苗出土后，分生孢子随风及昆虫传播，从植株的气孔、伤口侵入，也能从表皮直接侵入。高温高湿有利于早疫病的发生。病菌生长最适温度为26~28℃。春播马铃薯在生长中后期发病普遍，特别是种薯退化、生长衰弱或干旱、缺肥、晚播的地块，有利此病发生。

防治适期：主要是加强栽培管理，促使植株生长健壮；此外，在病害的发生初期，叶片边缘有萎蔫现象，立即用药防治。

防治措施

（1）选用早熟抗病品种；收获期适当提早。

（2）农业防治：加强水肥管理，增施肥料，提高植株抗病性；清除田间病株残叶。

(3) 药剂防治：发病初期喷洒 1∶1∶100 的波尔多液，或 75%百菌清 600 倍液，或 70%代森锰锌可湿性粉剂 500 倍液；50%扑海因可湿性粉剂 1000 倍液；或 50%多菌灵 500 倍液。根据病情每隔 7~10 天喷洒一次。

二、马铃薯晚疫病

马铃薯（洋芋）晚疫病，是马铃薯产地的主要病害。此病还可以为害番茄。病原为真菌藻状菌纲疫霉属。

症状识别 感病植株，初感病时在叶片和茎上出现暗褐色的细小斑块，湿度较大时，病斑迅速扩大，界线不甚明显，病斑呈黑褐色近圆形。空气较为潮湿时，背面容易生出白色的霉状物，这是本病的主要特征。发病的薯块起初出现紫色或暗褐色的斑点，病部稍下陷，切开看到深浅不一的褐色变色组织。在干旱情况下，病部变硬，肉质干腐；土壤水分较多时，感病薯块易发生腐烂。

发生规律 病菌在病薯中越冬或越夏。带病薯块播种后，病菌随幼芽生长而向上蔓延，引起茎叶发病，形成中心病株。遗留在地里的病薯也是病菌的来源。病菌通过空气、雨水传播，从植株的气孔或表皮侵入发病。

此病的发生与气候条件有密切的关系，一般在空气潮湿、温暖而阴沉的天气，或早晚露水重或者经常阴雨的情况下，最易发病。我国大部分马铃薯栽培地区的温度，都适于此病的发生。因此，湿度对病害的发生起决定性的作用，相对湿度在 75%以上的气候有利发病。长江流域地区，一年种两季，在第一季正遇梅雨，病害容易流行。秋薯如遇忽晴忽雨，雾多露重，发病也较严重。

测报方法

(1) 选择低洼潮湿、植株生长旺盛、开花较早的感病品种定点调查。调查时，发现上部叶片有可疑的个别小斑点，需仔细检查下部叶片或邻近植株的下部叶片，并定株逐日观察，直至找到典型病斑的中心病株。

第五章 薯类病虫害 139

图 27 马铃薯晚疫病在阴雨天最易发生

(2) 气候预报：在马铃薯开花期前后，阴雨连绵，气温不低于 10℃，相对湿度在 75% 以上时，预兆 15～22 天之后开始出现中心病株。以中心病株的出现作为病害流行的主要依据。

无论采取哪种方法，当大田出现中心病株后，应立即防治。

防治措施

(1) 选用抗病品种；建立种薯田，贮存和播种前严格选留无病种薯。

(2) 种薯处理：先将种薯在 40～50℃ 温水中预浸 1 分钟，然后放入 60℃ 温水中，种薯和水量比例为 1:4，浸种 15 分钟，保持水温不低于 50℃。

(3) 加强水肥管理：认真做好开沟排水工作，及时中耕除草和培土，提高其抗病能力，减轻发病。

（4）药剂防治：将田间出现的中心病株立即清除，并在中心病株周围喷洒1∶1∶100的波尔多液。如发病普遍，大田普治用58%雷多米尔锰锌可湿性粉剂600倍液；25%甲霜灵可湿性粉剂1000倍液；65%杀毒矾可湿性粉剂500倍液；78%科博可湿性粉剂500倍液；80%喷克可湿性粉剂600倍液等，每10天喷药一次，连续2~3次。

三、马铃薯软腐病

马铃薯软腐病是一种喜温性病害，在湖北发生普遍，生长期和贮藏期均可受害，一般在贮藏期间危害较重。病原为细菌欧氏杆菌属。

症状识别 生长期受害，先由贴近地面叶片开始发病，最初在叶片和叶柄上出现暗绿色或暗褐色病斑，呈浸润状，以后逐渐扩大到整个叶片，形成灰褐色的烂斑。茎基部发病，初期出现暗褐色条斑，随后发生纵裂，严重时引起植株倒伏，出现枯萎。薯块发病，多发生在贮藏运输期间，起初在表面出现褐色小块病斑，病斑上渗出黏液，以后逐渐向周围扩展，薯块内部糜烂软腐，并发出特殊的霉酸臭味，干燥后呈灰白色粉渣。

发生规律 带病种薯和带菌土壤是本病的初侵染源。病菌通过昆虫、灌溉水和雨水等蔓延扩散，然后从寄主伤口侵入；高温高湿有利于病菌加快繁殖，危害也较重。病菌一般可在土壤中存活3年左右。

防治措施

（1）收获时，随收随运快贮藏，并注意加强贮藏管理技术。

（2）建立无病留种田；筛选无病种薯。

（3）播种前彻底剔除带病的薯块，并用20%生石灰水浸种20分钟。

（4）发病严重的田地，实行3年以上的轮作（除茄科作物外均可以轮作）。

(5) 药剂防治：田间发现病株，及时喷洒47%加瑞农可湿性粉剂800倍液，或77%可杀得可湿性粉剂500倍液，每10天左右喷药一次，共2~3次。

四、马铃薯环腐病

马铃薯环腐病又称轮腐病，湖北主要发生在鄂西山区和鄂东南。病原为细菌棒状杆菌属。

症状识别 感病植株，一般在开花前后表现出症状，病株枝、茎缩短，叶片褪色凋萎，叶脉间变黄，产生黑褐色斑块，叶缘略向上卷曲。叶片凋萎自下部开始，逐渐向上部扩展，最后全株枯萎。薯块发病，初时尾端略带红褐色，以后颜色逐渐变暗。切开病薯，横切面出现乳白色或乳黄色的环状变色物，流出乳黄色细菌黏液。重病薯块，还出现表皮分裂，皮层松开或生环状空洞。

发生规律 病菌在种薯中越冬，切种薯的刀具及容器是传病的直接因素；在田间遗留的病薯中，病菌也可越冬。在植株生长期，病菌多由地下害虫咬的伤口侵入发病。

此病发生最适土温为20~23℃。土温超过31℃时，病菌发展就受到抑制；低于16℃时，症状减轻。因此，气候干热年份，田间病株出现快；而气候冷凉或播种过晚时，病株出现少，甚至不表现症状。品种间抗病性差异很大。地下害虫严重的地块及重茬地、排水不良地，发病均较重。

防治措施

(1) 建立无病留种田，培育无病种薯。

(2) 采用秋播留种的办法，选出适中的小型块茎作种用，以免切割过程中刀具传病。

(3) 用0.1%敌克松浸泡种薯4小时，取出即播种。

(4) 及早防治地下害虫，减少伤口。

(5) 田间发现病株及时拔除；收获时清除田间病薯和残株，

集中处理。

图 28 切种薯的刀具、容器是传染马铃薯环腐病的直接原因

五、马铃薯青枯病

马铃薯青枯病,是一种细菌性病害。湖北主要发生在鄂西山区和鄂南。除为害马铃薯外,还为害番茄、烟草、辣椒、茄子等作物。病原为细菌假单胞杆菌属。

症状识别 这是典型的维管束病害,引起植株凋萎,叶片干缩,病株矮化,通常下部叶片先凋萎,维管束组织变为褐色,用刀横切茎秆,在切口的维管束组织中有灰白色的菌脓溢出,这是诊断青枯病的主要特征。

植株感病初期,叶脉变为褐色,茎部也同时发生褐色条斑,随后全株突然呈现失水萎蔫状态。开始几天,这种萎蔫现象,在清晨和湿度稍大的阴天,可暂时恢复正常,但不久即完全枯萎下垂而死。感病的薯块,症状像马铃薯环腐病,维管束变为褐色,有时颜色较深,呈黑褐色。横切时,有灰白色的菌脓溢出。重病薯块,腐败变形;或者由于内部水分消失,里面形成空洞。

发生规律 病原细菌在土壤和病薯上越冬,成为来年初次侵染菌源。病菌对土壤的适应能力很强,能单独存活于土壤中,并能在土壤中繁殖。因此,土壤是青枯病的主要传染来源。土壤中的细菌,通过土壤线虫和昆虫造成的伤口侵入寄主。带病薯块虽能引起田间直接侵染,但由于病薯数量较少,传病机会也较土壤要少得多。病菌喜高温高湿,一般 27～32℃ 最易发病。因此,这是一种在南方温暖而比较潮湿地区的常见病害。

防治措施

(1) 从无病地选留种薯;选择无病苗床。

(2) 用 50 倍福尔马林溶液,或 0.1% 高锰酸钾溶液进行刀具消毒。

(3) 收获时清除病薯残株;严重田块实行轮作,但不能与茄科作物轮作。

六、马铃薯粉痂病

马铃薯粉痂病,农民朋友称"烂洋芋"。此病为国内外检疫对象,是一种对马铃薯生产危害极大的病害,湖北在鄂西南有发生。除为害马铃薯外,还能侵染番茄、茄子等。病原为真菌古生菌纲粉痂属。

症状识别 此病主要为害薯块和根系。薯块受害,最初在表皮上产生淡褐色圆形稍凸起小斑点,逐渐膨大成为明显的疱疮,直径 3～5 毫米左右,一个薯块有数个到上百个疱疮,多数为几个疱疮合并成大疱疮。收获之后,疱内水分逐渐消失,表皮即开始破裂,并散发出黄褐色粉末(休眠孢子囊)。后期病部呈多角形、凹陷、溃疡状。根系发病,则可出现单个或成堆的豆粒大的瘤。肿瘤在根部的分布很不均匀,大多生长在同一侧根的表面。病株的上部叶腋处多长新枝；病薯不出淀粉，食时似萝卜味。

发生规律 病菌的休眠孢子囊在病薯和土壤中越冬，土壤中的病菌是根部肿瘤扩散出来的孢子，在土壤中能存活 5 年之久。因此，发病严重的地区，很大程度上是通过土壤传播的。病菌随病薯调运可作远距离传播。病原孢子由皮孔和伤口侵入寄主。此病在酸性土壤中、低洼积水处、雨水多的年份发病重。土壤湿度在 90% 左右，土温在 18～20℃ 的阴凉多雨暑期最易发病。病菌的适宜酸碱度为 PH4.5～5，喜酸性土壤。

防治措施

（1）种薯消毒：用 1:200 的福尔马林液浸种薯 3～5 分钟，浸后用塑料薄膜盖严，密闭 2 小时，然后摊开散气。

（2）多施草木灰或石灰，改变土壤酸度。

（3）重病田应与非茄科作物如小麦、油菜等轮作 5 年。

七、马铃薯二十八星瓢虫

二十八星瓢虫，俗称为"花大姐"，除为害马铃薯外，还为害茄子、番茄、辣椒、甜菜、南瓜、豆类等作物。

形态识别 成虫是一种半球形赤褐色小甲虫，体长约 7 毫米，体表密生黄褐色细毛，翅鞘上共有 28 个黑色斑点，故称"二十八星瓢虫"。卵呈块排列，每块 20～30 粒，炮弹状，初产时鲜黄色，后变黄褐色。幼虫体长 7～8 毫米，淡黄色，纺锤形，中央膨大，背面隆起，体表有黑色刺枝。蛹黄白色，椭圆形，密生棕色细毛，尾部有丛生的分枝刺毛。

为害症状 幼虫和成虫均可为害，以食叶子为主。幼虫群居叶背咬食叶肉，仅留上表皮，形成许多平形透明的伤痕。受害叶子变褐色，严重时仅留叶脉，全株枯死。虫害大发生时全田如枯焦状，成片植株干枯而死，严重影响产量。

发生规律 二十八星瓢虫在北方每年发生 2 代，南方每年可发生 5～6 代。成虫在石缝中、树皮中、土块下或杂草间群集越冬，

第五章 薯类病虫害　　　　　　　　　　　　　　　　　　145

图29　二十八星瓢虫危害农作物以食叶子为主

来年4月开始活动。先在马铃薯上为害，6~7月间转移为害茄子和其他作物。产卵期可延续40天，卵多产在寄主的叶背面，一个卵块通常有20~30粒。初孵幼虫群集为害，以后逐渐分散。老熟后即在叶背或茎上化蛹。

影响二十八星瓢虫发生的最重要因素是温度，夏季高温不利于其发展，成虫产卵最适宜的气温在22~28℃之间；低于16℃时不能产卵；高于35℃产卵不正常，并陆续死亡。

防治适期　掌握在幼虫分散为害之前用药；在秋季成虫越冬之前防治成虫。

防治措施

（1）瓢虫越冬时很集中，冬季在向阳避风处寻找越冬场所，可消灭大量成虫。人工摘除卵块，此虫产卵集中成群，颜色鲜黄色，易于发现并摘除。

（2）及时处理马铃薯残株。马铃薯收获后，及时处理残株可以消灭大量残留的瓢虫，减少成虫转移到其他蔬菜上。

（3）药剂防治：在越冬成虫向田间迁入期，以及初孵幼虫群集为害期，喷洒90%晶体敌百虫1000倍液，或50%敌敌畏乳油1000倍液，或灭杀毙（21%增效氰·马乳油）3 000倍液、20%氰戊菊酯或2.5%溴氰菊酯3 000倍液、10%赛波凯乳油1000倍液、50%辛硫磷乳剂1000倍液、2.5%功夫乳油3 000倍液等。注意必须将药喷于叶背。

（4）土农药防治：巴豆（巴仁）液。原料：巴豆、水。配法：巴豆粉1千克加水100千克，拌匀后加肥皂乳化即成。

八、甘薯黑疤病

甘薯（红苕）黑疤病，又称黑斑病，在湖北发生较普遍。病原为真菌子囊菌纲长喙壳属。

症状识别 甘薯黑疤病在苗期和贮藏期均会发生，主要为害薯块和幼苗茎基部。薯块病斑通常出现在伤口和虫、鼠咬伤处，形成圆形凹陷的病斑，黑色至黑褐色，病健分界明显，切开病薯可见病斑下层薯肉变黑褐色或墨绿色，食之有苦味。潮湿时，薯块病斑上有灰白色霉层和黑色刺毛状物。

薯苗感病，一般在幼苗根基部幼嫩部分产生黑褐色稍凹的椭圆形斑点，以后逐渐扩大为中间下陷的菱形烂斑，病斑上也能生长黑色刺毛状物。发病严重的幼茎，连同种薯一起腐烂，导致烂床死苗。苗床上的轻病苗移栽到大田，病情可继续扩展，中后期生长不旺，茎叶变黄。

发生规律 病菌在薯块上和大田土壤中越冬，是来年发病的初侵染源，但以带菌种薯为主。病菌可直接侵入幼苗基部，也可经皮孔、自然裂口处侵入，但主要由机械伤口侵入。薯窖中的病害蔓延主要是病薯和健薯的接触。空气、水滴、昆虫及老鼠也能传播病菌，引起再侵染。育苗时土壤带菌或施用带菌粪肥能使病害迅速发生和蔓延。

图30　老鼠也能传播甘薯黑疤病菌并引起再侵染

温暖、潮湿有利于病害发展，无论苗床或大田，当土温在15~30℃时都适宜病害发生，病斑扩展的最适宜温度为23~28℃；土壤含水量在60%时最适宜发病。此外，土壤黏重，排水不良，或收获期雨水不调造成薯块裂口，或收获时不慎，机械伤口多，都易诱发此病。

病情调查

（1）贮藏期调查：从薯窖中随机取出种薯100块，仔细检查病薯数，计算薯块发病率和病情严重度。

（2）苗床期调查：采用5点取样，每点扒开盖土，检查20株苗的土下白嫩部分，记载病苗数，并计算发病率。

（3）大田期调查：宜在收获时进行，选有代表性的田35块，每块田查 5 垄，每垄按一定间隔距离查获 20 株刚挖取的薯株，同时随机取样 100 个薯块，分别记载每块田的薯株发病率和薯块发病率。

防治措施

（1）繁殖无病种薯；选育抗病良种。

（2）种薯消毒：用 50% 多菌灵 1000 倍液浸种 10 分钟、或 50% 代森铵 250 倍液浸种 10 分钟，或 80% "四〇二" 1500 倍液浸种 10 分钟。

（3）选栽健苗：病菌易侵入薯苗嫩茎基部白嫩部分，幼芽最易感病。因此，决不可带芽移栽。移栽时，选择健苗，离地 7~10 厘米高剪苗移栽。

（4）适时收获：加强贮藏管理，种薯要在打霜前收获。收薯、选薯要轻挖轻装，减少伤口。要单窖贮藏，最好采用高温大屋窖；地下窖宜用新窖；或利用山岩打成。贮藏期窖内温度控制在 12~15℃，湿度 80%~90% 的范围内，就能防病、防腐和保鲜。

（5）用 40% 多菌灵胶悬剂 800 倍液浸薯块，晾干入窖，效果很好。

九、甘薯瘟病

甘薯瘟病是一种蔓延迅速，具有毁灭性的病害。病原为细菌假单孢杆菌属。

症状识别 本病从甘薯苗期到结薯期都可能发生。苗期感病后，表现为萎蔫状，尤其是中午最明显；在地下茎基切口处变黑褐色。将茎秆剖开，可见维管束变成黄褐色，组织逐渐腐烂，向外扩展到皮层，向内扩展到髓部，直至茎秆组织完全腐败，仅留下维管束组织，成株期受害，地下部腐烂，地上部萎蔫，叶片颜色暗淡。薯块感病，外表没有什么变化；切开薯块，可见从藤头处开始，维管束变为褐色条纹；后期病薯腐烂，并有臭味。

发生规律 病薯病苗和土壤是甘薯瘟病初次侵染的主要来源，

带菌的灌溉水、流水、带菌肥料以及甘薯害虫黏附的细菌也可以传播此病。病菌通过流水和农事操作进行再侵染。薯块播种后，病菌沿植株维管束组织向上移动，引起地上部的植株萎蔫和枯死，受害病苗上的细菌也可逐渐侵入到薯块中去，引起病害。

此病菌喜高温多湿，一般月平均温度在20℃以上开始发病，最适温度在27~32℃，并随温度的上升而病情加重。降雨量多少，决定病害发生轻重。田间地势低洼，排水不良，土壤黏质重的田块有利发生；微酸性土壤，连作地块发病重。

防治措施

（1）选用抗病品种，采用无病种薯育苗。

（2）清除病薯、病苗和田间病株，进行深埋或高温处理并在病株处撒石灰消毒，控制发病中心。

（3）严重地块实行水、旱轮作。可与水稻、小麦、玉米、高粱和甘蔗等轮作两年。但不能与马铃薯等茄科作物轮作。

十、甘薯叶甲

甘薯叶甲 又称甘薯华叶甲，农民朋友称成虫叫红苕金花虫，称幼虫叫红苕蛀虫、牛屎虫等。这是一种分布广、为害较重的害虫。

形态识别 成虫短椭圆形，体长约6毫米，体色有蓝紫、蓝绿、绿色、黑色、青铜色等。头部弯向下方，触角共11节，线状。卵长圆形，长约1毫米，黄白色。头部淡黄褐色，体粗短，常弯曲成"C"状；胸足3对。蛹短椭圆形，体长5~7毫米，初化蛹时为乳白色，后逐渐变为黄白色。

为害症状 成虫是甘薯苗期的重要害虫，喜食苗顶端嫩叶、嫩茎，特别在幼苗期，常使薯苗顶端折断、导致幼苗枯死。幼虫则啃食土下薯块，将薯块吃成深浅不一的弯曲伤痕，或钻进薯块内部为害，造成弯曲洞道，影响薯块膨大；被害薯块往往变黑发苦，不耐贮藏。

发生规律 幼虫在土下越冬,少数在薯块内越冬,来年四月开始化蛹,6~7月份是成虫盛发期,集中为害栽插后长出的薯苗嫩尖。成虫产卵在甘薯根际或土缝中,也可产在外露的薯块上。卵孵化后立即入土钻蛀薯块表皮,造成不规则凹疤,有的继续钻入内部。

图31 甘薯叶蚧的幼虫在薯块内越冬

越冬虫源多、成虫羽化期久旱无雨有利此虫暴发。6~7月份降雨量正常,土壤经常保持湿润,有利于成虫产卵和幼虫入土为害,导致虫害发生重;反之,则发生轻。沙质土、山谷等低洼湿度较大的地块,虫口多,为害重。

防治适期 掌握在成虫盛发期用药。

防治措施

(1)铲除杂草,清洁田园,减少成虫产卵寄主,是防治此虫的重要一环。

(2)捕杀成虫:利用成虫假死性,于清晨露水未干时,在畚箕内装稀泥浆或石灰，振动薯苗，使虫落入畚箕内而杀死。

（3）药液浸苗：薯苗栽插前用40%乐果乳油，或用50%杀螟乳油500倍液浸苗，浸湿后即取出晾干，然后栽插。

（4）药剂防治：当成虫盛发时，每亩用90%晶体敌百虫50克，或40%乐果乳油50克，加水60千克喷雾，或加水5~7千克低溶量喷雾。

十一、薯类其他病虫害

甘薯茎线虫病

甘薯茎线虫病又叫空心病，是国内植物检疫对象之一。由毁灭性茎线虫引起，属植物寄生线虫。除为害甘薯外，还为害马铃薯、蚕豆、小麦、玉米、蓖麻、小旋花、黄蒿等作物和杂草。

症状识别 主要为害甘薯块根、茎蔓及秧苗。秧苗根部受害，在表皮上生有褐色晕斑，秧苗发育不良、矮小发黄。茎部症状多在髓部，初为白色，后变为褐色干腐状。块根症状有糠心型和糠皮型。糠心型，由染病茎蔓中的线虫向下侵入薯块，病薯外表与健康甘薯无异，但薯块内部全变成褐白相间的干腐；糠皮型，线虫自土中直接侵入薯块，使内部组织变褐发软，呈块状褐斑或小型龟裂。严重发病时，两种症状可以混合发生。

发生规律 甘薯茎线虫的卵、幼虫和成虫可以同时存在于薯块上越冬，也可以幼虫和成虫在土壤和肥料内越冬。此病主要以种薯、种苗传播，也可借雨水和农具短距离传播。病原在7℃以上就能产卵并孵化和生长，最适温度25~30℃，最高35℃。湿润、疏松的沙质土利于其活动为害，极端潮湿、干燥的土壤不宜其活动。线虫多以成虫或幼虫从薯块附着点侵入，沿髓或皮层向上活动，营寄生生活。带有茎线虫的薯秧栽到大田后，茎线虫随着传入土，但主要留在薯内活动，到结新薯后钻入。即使栽植无病秧苗，土壤中的线虫可在栽植后12小时侵入幼苗，从苗的末端自根或所形成的小薯块表皮上自然孔口或伤口直接以吻针刺孔侵入，致细胞空瘪或仅残留细胞壁及纤维组织，薯块呈干腐糠心状。

防治方法

（1）对种薯进行检疫，选用抗病品种，如鲁薯3号、7号、济薯10号、11号，北京553等。耐病品种有鲁薯5号、济薯2号、济薯5号、济73135、济78268、短蔓红心王甘薯等。

（2）使用净肥。收获后及时清除病残体，以减少菌源。

（3）不要用病薯及其制成的薯干、病秧做饲料，防止茎线虫通过牲畜消化道进入粪肥传播。

（4）进行轮作提倡与烟草、水稻、棉花、高粱等作物轮作。

（5）建立无病留种田，选用无病种薯或高剪苗。防止薯苗带线虫。

（6）药剂防治 用50%辛硫磷乳剂亩施0.25~0.35千克。将药液均匀拌入20~25千克细干土后晾干，插秧时将毒土先施于穴内，浇水，水下渗后栽秧；或将亩用药量兑水300~500千克浇穴，水下渗后栽秧。或用5%克线磷颗粒剂亩施1.5~2千克，兑细土25~30千克拌匀，将毒土施于穴内再浇水，水渗后栽秧。

马铃薯甲虫

马铃薯甲虫属鞘翅目，叶甲科，是世界有名的毁灭性检疫害虫。原产于美国，后传入法国、荷兰、瑞士、德国、西班牙、葡萄牙、意大利、东欧、美洲一些国家，是我国外检对象。

主要危害茄科植物，大部分是茄属，其中栽培的马铃薯是最适寄主，此外还可为害番茄、茄子、辣椒、烟草等。成、幼虫为害马铃薯叶片和嫩尖，可把马铃薯叶片吃光，尤其是马铃薯始花期至薯块形成期受害，对产量影响最大，严重的造成绝收。

形态特征 雌成虫体长9~11毫米，椭圆形，背面隆起，雄虫小于雌虫，背面稍平，体黄色至橙黄色，头部、前胸、腹部具黑斑点，鞘翅上各有5条黑纹，头宽于长，具3个斑点。眼肾形，黑色。触角细长11节，长达前胸后角，第1节粗且长，第2节较第3

节短，第 1~6 节为黄色，第 7~11 节黑色。前胸背板有斑点 10 多个，中间 2 个大，两侧各生大小不等的斑点 4~5 个，腹部每节有斑点 4 个。卵长约 2 毫米，椭圆形，黄色，多个排成块。幼虫体暗红色，腹部膨胀高隆，头两侧各具瘤状小眼 6 个和具 3 节的短触角 1 个，触角稍可伸缩。

发生规律 美国一年发生 2 代，欧洲 1~3 代，以成虫在土深 7.6~12.7 厘米处越冬，翌春土温 15℃时，成虫出土活动，发育适温 25~33℃。在马铃薯田飞翔经补充营养开始交尾，把卵块产在叶背，每卵块有 20~60 粒卵，产卵期 2 个月，每雌虫产卵 400 粒，卵期 5~7 天，初孵幼虫取食叶片，幼虫期 15~35 天，4 龄幼虫食量占 77%，老熟后入土化蛹，蛹期 7~10 天，羽化后出土继续为害，多雨年份发生轻。该虫适应能力强。

防治方法 加强检疫，严防人为传入，一旦传入要及早铲除。

甘薯小象甲

甘薯小象甲属鞘翅目，锥象科。别名甘薯小象、甘薯小象甲。分布在江苏、浙江、江西、福建、台湾、湖南、广东、广西、贵州、云南。成虫寄主有甘薯、砂藤、蕹菜、五爪金龙、三裂叶藤、牵牛花、小旋花、月光花等，幼虫寄主主要是甘薯、砂藤的粗茎和块根。

形态特征 成虫体长 5~7.9 毫米，狭长似蚊，触角末节、前胸、足为红褐色至橘红色，余蓝黑色，具金属光泽，头前伸似象的鼻子，复眼半球形略突，黑色；触角末节长大，雌虫长卵形，长较其余 9 节之和略短，雄虫末节为棒形，长于其余 9 节之和，前胸狭长，前胸后端 1/3 处缩入中胸似颈。鞘翅重合呈长卵形，宽于前胸，表面有不大明显的 22 条纵向刻点，后翅宽且薄。足细长，腿节近棒状。卵乳白色至黄白色，椭圆形，壳薄，表面具小凹点。末龄幼虫体长 5~8.5 毫米，头部浅褐色，近长筒状，两端略小，略弯向腹侧，胸部、腹部乳白色有稀疏白细毛，胸足退化，幼虫共 5 龄；蛹长 4.7~5.8 毫米，长卵形至近长卵形，乳白色，复眼红色。

发生规律 浙江一年发生 3~5 代，广西、福建 4~6 代，广东南部、台湾 6~8 代，广州和广西南宁无越冬现象。世代重叠。多以成、幼虫、蛹越冬，成虫多在薯块、薯梗、枯叶、杂草、土缝、瓦砾下越冬，幼虫、蛹则在薯块、藤蔓中越冬。成虫昼夜均可活动或取食，白天喜藏在叶背面为害叶脉、叶梗、茎蔓，也有的藏在地裂缝处为害薯梗，晚上在地面上爬行。卵喜产在露出土面的薯块上，先把薯块咬一小孔，把卵产在孔中，一孔一粒，每雌产卵 80~253 粒。初孵幼虫蛀食薯块或藤头，有时一个薯块内幼虫多达数十只，少的几只，通常每条薯道仅居幼虫 1 只；浙江 7~9 月，广州 7~10 月，福建晋江、同安一带 4~6 月及 7 月下旬~9 月受害重；广西柳州 1、2 代主要为害薯苗，3 代为害早薯，4、5 代为害晚薯。气候干燥炎热、土壤龟裂、薯块裸露对成虫取食、产卵有利，易酿成猖獗为害。成虫在田间或薯窖中嗜食薯块，在受害薯内潜道中残存成虫、幼虫和蛹及排泄物散出臭味，无法食用，损失率 30%~70%。

防治方法

（1）严格检疫、防止扩散。

（2）甘薯收获后，清除有虫薯块、茎蔓、薯拐等，集中深埋或烧毁。

（3）实行轮作，有条件地区尽量实行水旱轮作。

（4）及时培土，防止薯块裸露，注意选用受害轻的品种和地块。

（5）化学防治。①药液浸苗。用 50% 杀螟松乳油或 50% 辛硫磷乳油 500 倍液浸湿薯苗 1 分钟，稍晾即可栽秧；②毒饵诱杀。在早春或南方初冬，用小鲜薯或鲜薯块、新鲜茎蔓置入 50% 杀螟松乳油 500 倍药液中浸 14~23 小时，取出晾干，埋入事先挖好的小坑内，上面盖草，每亩 50~60 个，隔 5 天换 1 次。

马铃薯癌肿病

症状识别 主要为害地下部。被害块茎或匍匐茎由于病菌刺激寄主细胞不断分裂，形成大大小小花菜头状的瘤，表皮常龟裂，癌肿组织前期呈黄白色，后期变黑褐色，松软，易腐烂并产生恶臭。病薯在窖藏期仍能继续扩展为害，甚者造成烂窖，病薯变黑，发出恶臭。地上部，田间病株初期与健株无明显区别，后期病株较健株高，叶色浓绿，分枝多。重病田块部分病株的花、茎、叶均可被害而产生癌肿病变。病原为内生集壶菌或马铃薯癌肿菌，属鞭毛菌亚门真菌。

发病规律 病菌以休眠孢子囊在病组织内或随病残体遗落土中越冬。休眠孢子囊抗逆性很强，甚至可在土中存活25～30年，若条件适宜时，萌发产生游动孢子和合子，从寄主表皮细胞侵入，经过生长产生孢子囊。孢子囊可释放出游动孢子或合子，进行重复侵染。并刺激寄主细胞不断分裂和增生。在生长季节结束时，病菌又以休眠孢子囊转入越冬。病菌对生态条件的要求比较严格，在低温多湿、气候冷凉、昼夜温差大、土壤湿度高、温度在12～24℃的条件下有利病菌侵染。本病目前主要发生在四川、云南，而且疫区一般在海拔2000米左右的冷凉山区。此外土壤有机质丰富和酸性条件有利发病。

防治方法

（1）严格检疫，划定疫区和保护区严禁疫区种薯向外调运，病田的土壤及其生长的植物也严禁外移。

（2）选用抗病品种，品种间抗性差异大，我国云南的马铃薯"米粒"品种表现高抗，可因地制宜选用。

（3）重病地不宜再种马铃薯，一般发病地也应根据实际情况改种非茄科作物。

（4）加强栽培管理，做到勤中耕，施用净粪，增施磷钾肥，及时挖除病株集中烧毁。

（5）必要时给病地进行土壤消毒。

（6）及早施药防治坡度不大、水源方便的田块，于70%植株出苗至齐苗期，用20%三唑酮乳油1500倍液浇灌；在水源不方便的田块可于苗期、蕾期喷施20%三唑酮乳油2000倍液，每亩喷药液 50~60 升，有一定防治效果。

甘薯（红苕）根腐病

症状识别 为害根茎和薯块。幼苗受害，根尖或中部部分变黑坏死，尔后全根变黑腐烂。扩展到地下茎时，呈褐色凹陷纵裂纹，皮下组织发黑疏松；苕藤明显矮化，节间缩短，叶片发黄。薯块表皮粗糙，布满黑褐色病斑，后呈纵横龟裂，薯皮变黑。病原为真菌半知菌类镰孢霉属。

防治措施 选用抗病品种；适时早播；收获时清除田间病残株；重病田轮作换茬。

甘薯软腐病

症状识别 发生在贮藏期。被害薯块初期无多大变化，后渐变暗褐色，湿而软，破损后渗出黄褐色汁液，稍有香味；尔后腐烂，散发带有酒味的酸霉味，最终失水干腐。病原为真菌藻状菌纲根霉属。

防治措施 适当提早并选择晴天收薯；入窖前剔除破伤薯块；改善贮藏条件；窖内薯块不要翻动。药剂防治：72%农用硫酸链霉素可湿性粉剂或新植霉素 3000~4000 倍液；14%络氨铜水剂 350 倍液；50%琥胶肥酸铜可湿性粉剂 500~600 倍液等，每 10 天喷药一次，共 2~3 次。喷药时着重喷叶柄基部。

甘薯卷叶蛾

形态识别 成虫深褐色，体长 6~10 毫米，头胸部暗褐色；前翅狭长，中央有两个黑褐色环状斑纹；后翅较宽，浅灰色，缘毛很大。卵椭圆形，初产时乳白色，后变淡黄褐色。老熟幼虫体长 15~20 毫米，头部黑褐色，胸部第一节黄褐色，各节均生有稀疏的刚毛。以幼虫吐丝卷薯叶，取食叶肉，蚕食叶片。

防治措施 收获时清除田间残株落叶；幼虫低龄期喷洒 90%晶体敌百虫，或 50%敌敌畏乳油 1000 倍液，或 40%乐果乳油 1200

倍液。

马铃薯普通花叶病

症状识别 叶片沿叶脉呈现深绿与浅绿相间的花叶斑驳，有的引起叶片缩小，植株显著矮小化，严重时发生全株坏死性叶斑。病原为马铃薯 X 病毒，属于接触传染性病害。

防治措施 栽培抗病品种；应用实生薯栽培；茎尖培养无毒种苗。

马铃薯黑胫病

症状识别 植株感病后变矮，叶卷曲，发黄，顶枝向内紧缩，茎基部变黑，进而软腐，剖开茎秆可见维管束变成褐色。严重时，根和薯块都腐烂。本病由细菌侵入引起，病菌通过带菌种薯传播。

防治措施 从无病区选留种薯；种薯刀具要消毒，以免互相传染；注意排水防涝；发病严重的实行 4~5 年轮作。

马铃薯块茎蛾

形态识别 成虫体灰褐色，带有银灰色光泽，体长 5~6 毫米，触角丝状，前翅狭长，中部有 4~5 个黑褐色斑点。卵椭圆形，半透明，初产时乳白色，后期黑褐色，有紫色光泽。末龄幼虫体长 11~13 毫米，头部棕褐色，前胸背板和胸足暗褐色。在马铃薯贮藏期间，幼虫从芽眼、破皮处蛀入薯内，造成弯曲虫道，严重时可将薯内全部吃光。

防治措施 收获时清除田间残株残薯；窖藏的马铃薯，表面用谷糠、木屑、麦壳或草木灰等覆盖，厚度 7~13 厘米，既可防止成虫产卵，又可防止薯堆内成虫羽化后飞出。

第六章　棉花病虫害

一、棉花苗期病害

棉花苗期病害种类很多，湖北以立枯病和炭疽病为主，在苗床上发生十分普遍，常常因为苗床内温度高、湿度大而严重发生。直播棉田发生也十分普遍。在低洼潮湿和滨湖地区，常因受害而缺苗断垄，许多棉田不得不多次补种。棉立枯病病原为真菌半知菌类丝黑菌属；棉炭疽病病原为真菌半知菌类毛盘属。

症状识别

立枯病：棉苗出土前受害，造成烂种；棉苗出土以后，病菌侵染接近土表的幼茎，多数为害子叶以下、根茎以上的茎部，幼苗靠近地面部分产生黄褐色溃烂，并扩展到茎基的四周，形成黑褐色的环状萎缩，导致幼苗枯死。严重时皮层全破坏，拔起时，有时在病部有细丝相连（即菌丝）。烂籽和死苗上的立枯病原菌向左右扩展，侵染邻近棉苗，造成缺苗断垄。子叶受害，出现黄褐色不规则病斑。

炭疽病：棉籽发芽后受害，幼芽呈水渍状黄褐色腐烂，不能出土，多在茎基部生褐色梭形病斑，纵裂凹陷，四周萎缩。苗期常在子叶边缘单独受害，呈褐色半圆形病斑，潮湿时，病斑中间产生红色黏稠物（分生孢子），严重时，子叶霉烂脱落，剩下光秆苗桩。

发生规律　棉苗发病的条件有三个：一是菌源。立枯病菌主要来自土壤及棉花的病残体，炭疽病的菌源主要来自于棉种。若这些菌源的带菌量小，则棉苗发病的机会就少；二是棉田的环境条件。

立枯病菌喜欢中温高湿,土温18℃左右发病最重,多雨年份有利发病;炭疽病菌喜欢低温高湿,病菌在土温10℃时就能侵害棉苗。湖北4月中、下旬至5月上旬时,如果阴雨连绵,或低温寒潮,最适宜发病,可使棉苗在半个月内死亡;三是棉苗本身的抗病能力。倘若棉籽饱满,发芽率高,发芽势强,出苗早,苗子壮,发病也较轻。此外,整地质量的好坏,也直接影响棉籽发芽和幼苗生长。

防治适期与预报 棉苗出土后,在低温多雨情况下容易发病,特别是在寒潮后,棉苗受冻伤,随后遇连阴雨,有可能出现大量病苗、死苗。因此,根据气象预报在寒潮和阴雨到来之前,发出病情预报,苗床搞好防寒防冻措施,大田立即施药保护棉苗。

防治措施

(1)精心整地,做好清沟排渍工作,深沟窄厢,做到"三沟相通,雨住田干",降低地下水位。

(2)种子处理。①先用清水浸湿棉子,每百千克种子,用50%多菌灵可湿性粉剂0.5千克,或用75%五氯硝基苯0.5千克,或用70%甲基托布津0.7千克拌种。②用抗菌素"401"的100倍液闷种,每100千克药液喷洒500千克棉籽,闷种24小时;或用"401"1千克,加水1000千克,浸24小时,捞出晾至半干,即可播种。

(3)加强栽培管理:播种不要太深或太浅,棉苗出土后,及时中耕松土,提高地温,防止土壤板结,促进棉苗生长;早间苗,早施肥,促进棉苗早、齐、全、匀、壮。在棉麦套种地,还需对前茬作物及时扎把露苗,使棉苗见光早。

(4)在营养钵苗床上增施钾肥或草木灰能提高棉苗的抗病能力。

(5)喷药保苗:在下雨前喷施1:1:200的波尔多液,或80%代森锌800倍液,或50%多菌灵800倍液,每亩喷药液50千克,并轻施追肥提苗。

二、棉花铃期病害

棉花生长后期，容易遭受多种病原菌的感染而造成棉铃腐烂。在湖北主要有：红粉病、红腐病和黑果病，此外还有角斑病、炭疽病、曲霉病等，严重影响棉花产量和品质。

症状识别

红粉病：病铃壳外表和棉瓣上长满一层厚的粉红色绒状物，天气潮湿时，变成白色绒毛状。病铃干腐不能完全开裂，纤维黏结成僵瓣。病原为真菌半知菌类复端孢属。

红腐病：一般于棉铃铃尖、铃壳开缝或铃基部先发病，病斑绿黑色，水渍状，常扩展至全铃。棉铃及纤维上生有均匀的红色霉层，下雨后常常黏集在一起成为红白块状物。病铃不能完全开裂；纤维松脆，容易撕断；棉壳破碎。病原为真菌半知菌类镰刀菌属。

黑果病：棉铃受害全铃变黑，铃壳僵硬，不开裂，上面密生许多小黑点（分生孢子器）；后期铃上布满黑色烟煤状物。在潮湿条件下，从黑色颗粒内分泌出乳白色黏稠物（分生孢子），内部腐烂，变成灰黑色。病原为真菌半知菌类色二孢属。

发生规律　病菌附在种子或带病铃壳的残体上，遗留在田间越冬。第二年，病菌借气流、风、雨、昆虫等传播，由虫孔、病斑、机械伤口或棉铃裂口侵入，引起发病，导致烂铃。

棉花铃期病害与温湿度的高低有密切关系。例如雨季的迟早直接影响到烂铃发生的时期，凡是秋雨多的年份，棉株过于茂密，下部果枝就会发生严重烂铃。铃期病害的适宜温度为 20~30℃，若气温下降到 20℃ 以下，病菌生长受到抑制，即使多雨，也不容易烂铃。棉花青铃在 25 天以上最易发病；虫伤也是导致烂铃的重要因素；棉株过密，偏施氮肥造成徒长，或整枝打杈不及时，通风透光条件差等也易发病。

防治措施

（1）加强栽培管理：冬前清除病残体，深耕深翻；开好"三沟",做到沟沟相通,雨停不积水,降低田间湿度;增施有机肥料,或施用氮、磷、钾混合肥料;合理密植;及时整枝打老叶,增强通风透光,改善田间小气候。

(2) 及时采摘病烂铃:发现棉田有病烂铃,及时采摘,剥开晒干或烘干,既可防止病菌蔓延,又可减少损失。

(3) 药剂防治:棉铃病的防治应以预防为主,及早施药。发病初期,可结合治虫加入防病药剂或单独使用 1:1:200 波尔多液,或 50% 多菌灵可湿性粉剂 1000 倍液,或 50% 代森锌可湿性粉剂 800 倍液,或硫酸铜 1000 倍液喷雾,根据病情,每隔 7~10 天喷药 1 次,共喷 2~3 次。

三、棉花枯萎病

棉花枯萎病是一种危害性较大的病害,在湖北棉区发生较普遍。发病严重的田块,可以造成毁灭性的损失。病原为真菌半知菌类镰刀菌属。

症状识别 发病期较早,幼苗期可发病造成死苗。真叶出现后,病苗顶部叶片乌绿皱缩,变得又硬又厚,很像发生蚜虫为害的卷叶;成株受害,节间变短,植株矮小;有的病株叶片发黄或呈现紫外线斑,叶脉也变成紫红色;有的病株叶脉变黄成为网状;病株在雨后初晴时出现急性病症,全株萎蔫下垂枯死,或整株半边叶子变黄,并逐渐枯萎脱落成为光秆而死。无论哪种症状类型,剖开棉株茎秆,输导组织都变为深褐色。

发生规律 带病种子和存在土壤中的病菌,是本病初次侵染的基本菌源。次年病菌从棉花根部侵入,也可随种子、肥料、流水及田间操作携带传播。一般在子叶期表现症状,现蕾期前后盛发,常导致大量死苗。这与土壤温度变化有关。棉花苗期当土温上升到 20℃ 时开始发病。随着土温的上升,发病率也显著增高,6 月底至 7 月中旬后发病减少,当土温超过 35℃ 时,枯萎病停止发展,症状隐蔽。秋天土温下降,若雨水较多时,病害又可继续发展。

发病轻重还与地势、土壤、栽培方式有关。地势低洼,排水不良,土质黏重,有机质多,以及连作田发病重。

普查方法 普查棉花枯萎病,应在6月上旬至7月下旬,此时症状最明显。调查老病区,可先在全田范围内目测巡查,发现零星病株或发病中心后,再每隔2~4行抽查,分别记下病株和健株,然后计算发病株率,普查时要五看:看株形、叶片、叶柄、主茎和果枝,准确识别其症状。以看株形、叶片为发现病株的线索,以剖秆检查为确定病株的依据(此法也适宜棉黄萎病)。

防治措施

(1)严格实行检疫制度,防止病菌随种子传播。

(2)加强栽培管理,精耕细作,培育壮苗;开好"三沟"降低田间湿度。

(3)将棉种用硫酸脱绒后,用"402"热浸,或用50%多菌灵冷浸。

(4)消灭零星病株:若田间出现少量病株,应抓紧在病害初发阶段铲除。铲除的办法有:挖除病株,搬除病土(病苗小,只挖2尺见方,深1.5尺,把病土挑出田外,换上无病土),并用氨水10倍液消毒。如果不便铲除病株,可重施草木灰,或每亩施氯化钾5~8千克,有一定抑制作用。

(5)用"5406"抗生菌防治:原料:"5406"抗生菌原液、水。配法:将"5406"抗生菌原液和水,按1:10比例配入溶器,搅拌后澄清去渣,用滤液喷雾。

(6)重病田与水稻轮作三年以上,并增施钾肥。

四、棉花黄萎病

棉花黄萎病同枯萎病一样,是棉花上两种毁灭性病害之一,属于检疫对象。本病除为害棉花外,还能为害马铃薯、蚕豆、大豆、芝麻、茄子、辣椒和瓜类等作物。病原为真菌半知菌类轮枝孢属。

症状识别 发病时间较枯萎病迟,一般从棉花蕾期开始发病,花铃期最重。叶片出现叶斑由下往上发展。开始时,病叶边缘和主侧脉之间的叶面出现不规则淡黄色病斑,棉农朋友称为"西瓜叶",或叫"太阳花",以后病斑逐渐扩大,整个叶片呈手掌状枯斑,叶片边缘稍向上卷曲,变褐至焦枯脱落,严重时,仅剩顶端嫩叶,全株萎蔫。剖开茎秆检查,导管变黄色条纹,颜色比枯萎病略浅,有时条纹呈断续状。

发生规律 带菌种子、病残体,以及带菌的土壤、肥料,都是来年侵染的菌源。病菌由根部侵入,在导管中繁殖,并扩展到茎、侧枝、叶和棉铃上。病株的残枝落叶还可随气流、风雨、流水和田间操作等传播。中温高湿有利发病,发病的最适温度在25~28℃,高于35℃看不见病状;7~8月份雨水多,温度适宜,田间湿度大,发病重,连作棉田发病重;久旱无雨发病轻。

图32 防治棉花黄萎病,要注意勿用棉叶残渣作堆肥

防治措施

(1)选用抗病品种与执行检疫制度相结合,防止带菌棉种

传入。

（2）注意粪肥带菌，勿用棉叶残渣作堆肥。

（3）实行轮作。可与小麦、大麦、玉米等轮作 5 年以上；但不能与马铃薯、豆类、瓜类等轮作。

（4）其他防治方法可参照棉花枯萎病。

五、棉花茎枯病

棉花茎枯病是一种暴发性病害。发生面积虽不广泛，但茎部受害常造成全株枯死，损失很大。病原为真菌半知菌类壳二孢属。

症状识别　主要为害叶片、叶柄和茎秆，有时在苞叶和铃壳上也发生。叶片受害，最初出现边缘紫红、中部灰白色的小圆斑，以后病斑扩大合并，在病斑的正面有同心轮纹，上面散生小黑点（分生孢子器）。气候潮湿时，叶片先出现水渍状病斑，后迅速扩大，病叶像开水烫过一样，严重时病叶脱落，棉株变成光秆。茎部受害，先呈失水现象，严重时茎端枯死变黑，病斑开始呈暗绿色，扩大后中间凹陷，变淡褐色，周围紫红色，梭形，上有小黑点。后期病茎外皮脱落，内皮纤维外露，严重时可使茎秆枯折，全株死亡。

发生规律　病菌在病叶、残枝、烂铃土壤等处越冬，来年产生为害。棉株上病斑产生的分生孢子，可借风、雨和蚜虫传播，5 月底至 6 月初是发病期。当温度为 20～25℃、湿度超过 90%、连续 5 天以上时，茎枯病可能突然暴发。在气候适宜的条件下，蚜虫对茎枯病流行有促进作用。棉蚜为害造成伤口，有利于病菌侵入；棉蚜的迁移活动，又能传带病菌。此外，土壤透气性差，麦茬田以及棉花出苗晚，长势差的棉田均有利发病。

防治措施

（1）种子处理：参照棉苗期病害。

（2）加强栽培管理，通过选种、轮作、秋耕和出苗后早中耕、深中耕等措施，提高地温，促进壮苗早发，增强棉株抗病能力，可减轻病害。

（3）药剂防治：用药应结合治蚜虫进行。可用1:1:200的波尔多液100千克，加入10%蚜虱净粉剂15克，每亩喷药液60千克，随配随用，可收到病虫兼治的效果。

如果单独防治茎枯病，可用80%代森锌可湿性粉剂600~800倍液，或50%多菌灵可湿性粉剂1000倍液喷雾，每亩用药液量60千克。根据病情防治1~2次。

六、棉花角斑病

棉花角斑病是一种细菌性病害，在全国各棉区都有发生，受害棉株引起大量落蕾、落花、落铃、落叶、烂铃。病原为细菌黄单胞秆菌属。

症状识别 本病主要侵害叶片，也能侵染青铃和茎秆。子叶受害后，病部出现水渍状的斑点，后期变为黑褐色；真叶发病时，先在叶背面出现深绿色小点，后扩大为水渍状，因受叶脉组织的限制，病斑呈多角形。有时病斑沿叶脉发展，成为黑褐色的屈曲状长条。青铃受害，初时出现深绿色针头小点，继而扩大为水渍状圆形病斑，后期变红褐色，收缩下陷，变成黑褐色烂斑，即开始脱落。茎秆受害后，常变黑枯折。

发病规律 病菌在种子和病残体上越冬，成为来年发病的侵染源。棉籽带菌程度，是苗期发病轻重的决定性因素。温湿度与发病关系密切，中温多雨是此病发生的重要条件，土温在10~15℃时，一般不发病，16~20℃时开始发病，24~28℃时发病最重，超过30℃后，病害反而减轻，湿度在85%以上时，病害发展最快；6月上旬至8月上旬的雷阵雨越多，病害越严重。

防治措施

（1）选育抗病品种。

（2）晒种2~4天，能显著降低角斑病的带菌率。

（3）种子处理：参照棉苗期病害。

（4）结合间苗定苗，拔除病苗，带出田外集中销毁。

（5）根据天气预报，在下雨前用1∶1∶200的波尔多液喷雾1~2次，可有效地抑制病菌扩展；或用65%代森锌可湿性粉剂500倍液喷雾，每亩喷药液60千克。

七、棉蚜

棉蚜，棉农朋友叫蚰子、伏虫、腻虫，是一种发生极为普遍的害虫。除为害棉花外，还为害瓜类、马铃薯、茄子等多种作物。

形态识别 棉蚜的形态变化复杂，在棉田中有4种形态：

（1）有翅成蚜：头胸背黑色，腹部绿色，有透明翅2对，腹部背面两侧有3~4对黑斑，腹管圆筒形，黑色。

（2）有翅若蚜：胸部两侧有短小的黑褐色翅芽，腹面部每体节的两侧有白色蜡点。这是棉蚜与其他各虫态的主要区别。

（3）无翅成蚜：体长1.5~1.9毫米，体色多为淡绿色或淡黄色。

（4）无翅若蚜：初产时乳白色，复眼红色，随着龄期的增加体色逐渐加深，复眼色褪淡，经过4次蜕皮，发育成无翅成蚜。

为害症状 棉蚜聚集在棉苗嫩叶的背面和嫩茎上，用针状口器刺吸棉株汁液，使棉叶向内卷缩，皱折成"狗耳朵"状，生长受到阻碍；在蕾铃期也为害蕾铃的苞叶，受害花蕾生长较缓慢。严重时落蕾落花，甚至全株枯死。

发生规律 棉蚜在湖北一年繁殖20多代，以卵在木槿、野花椒、冻绿树等树杈处越冬。来年3月中旬前后，卵孵化后在越冬寄主上取食繁殖；4月中下旬产生有翅胎生雌蚜，形成第一次迁飞，从越冬寄主上迁到早播棉苗上；5月下旬至6月下旬，产生有翅蚜，形成第二次迁飞，从早苗上迁飞到迟播棉苗上；6月下旬到7月上旬，是为害高峰，称为梅蚜；进入伏天，如气候适宜，伏蚜还可能暴发，棉叶出现"冒油"。

棉蚜喜欢中温，适宜温度在20~25℃；阴雨天多或温度超过

28℃，对棉蚜发生不利。天敌对棉蚜发生有较大影响，如草蛉、瓢虫、小花蝽等发展快，棉蚜数量迅速下降。有翅蚜虫迁飞能力较强，能远距离传播，但受风力、风向、地形影响很大。一般是靠近村庄、树林及坟地等背风处发生早，为害重。

测报办法

苗蚜与梅蚜：从5月下旬开始，选早、中播棉田，按5点取样，每点查20株，共查100株。当有蚜株达30%，百株蚜量500头以上，或卷叶株率达5%~10%时，即发出预报，并开始防治。6月中旬前，若天敌较多，棉蚜达不到防治指标，可挑治卷叶株，以保护天敌。

伏蚜：在伏天，气候适宜时，棉蚜由下部往上转移，当棉花上部单叶百株蚜量达2000头，或棉叶中、下部叶片出现少数发亮的小密点时，即是伏蚜上升的预兆，须及时防治。

防治措施

（1）在湖北，木槿是棉蚜的主要越冬寄主。冬季修剪木槿要及时处理残枝，消灭枝上的卵。在木槿抽芽后，及时喷洒80%敌敌畏乳剂2000倍液，把棉蚜消灭在棉田外。这是经济有效的措施。

（2）利用天敌控制棉蚜：5、6月份在田间用药剂防治前，调查棉田天敌数量与蚜虫数量，当天敌与蚜虫之比大于或等于1∶150时，不必进行化学防治；若比数小于1∶150，要注意观察动态；如小于1∶200时应立即用药防治。

（3）药剂防治：每亩用10%的蚜虱净，或10%的大功臣可湿性粉剂15克或亩用25%噻虫嗪水分散粒剂6克，兑水50千克喷雾。

（4）土农药防治：①尿素液。原料：尿素、洗衣粉。配法：尿素0.5千克，洗衣粉100克，兑水40~50千克喷雾，防效达90%左右。②氨水+柴油。原料：氨水、废柴油。配法：氨水1千克与废柴油0.3千克混合拌匀后，再倒入200千克水中，边倒边搅，充分搅匀即可。使用方法：每亩用量60千克，于棉叶背面喷雾。

八、棉红蜘蛛

棉红蜘蛛又称棉红叶螨,棉农朋友叫火蜘蛛、地火。红蜘蛛有食性杂、繁殖快等特点,因此分布很广。除为害棉花外,还为害瓜类、豆类、茄子、红苕等。

形态识别 成螨红色或锈红色,足4对,雌螨鹅蛋形,体背面两侧有深褐色斑纹,雄螨较雌螨体小,腹末略尖。卵很小,圆球形,初产时无色透明,后变成深黄色。幼螨仅有3对足;若螨有4对足,浅红色,比成螨小。

为害症状 在棉叶背面,红蜘蛛常集中在叶脉部分吸取汁液,从下部叶片开始,逐渐向上蔓延。棉叶初被害时,靠近叶柄的叶脉间,呈现淡黄色斑点,随着危害加重,黄色斑点逐渐转为红色斑块,造成红叶、垮秆。

发生规律 红蜘蛛以成螨在背风向阳的杂草根部、土缝、树皮缝及枯叶里越冬,来年3月份开始活动,先在越冬寄主杂草上或蚕豆叶上取食繁殖;棉苗出土后转移到棉苗上为害,不断扩散蔓延。

干旱少雨,是红蜘蛛发生猖獗的主导因素,6~8月是危害高峰。若5月温度上升快,又遇干旱,可造成与蚕豆、小麦套种的棉苗红叶垮秆。气温升到25~30℃、相对湿度在80%以下时,红蜘蛛繁殖最快;温度超过34℃时,红蜘蛛停止繁殖。此外,红蜘蛛危害较重还与地势、土质、间作等有关:一般向阳的坡地、沙质土、间作田或前茬为蚕豆的田块发生较重。

测报办法

(1)根据红蜘蛛常年发生为害时间,提前普查:一般从5月下旬开始,每隔10天普查一次。靠近豆类、瓜类、桑树的早棉田或砂质坡地的棉田,应作为重点普查对象,一旦发现被害株,即叶片出现黄色或红色斑块,应及时用药挑治。

(2)根据长期天气预报分析发生程度:一般说,5~8月份,如有两个月降雨量都在100毫米以下,红蜘蛛发生严重;如果连续

3个月,每月雨量均在 100 毫米甚至 50 毫米以下,红蜘蛛虫害将大发生至特大发生。反之,若 5~8 月份中,有 3 个月降雨量均超过 100 毫米,则为中等发生,4 个月均超过 100 毫米,则为轻发生。

防治指标:有螨株率 5%,或红叶率 1% 进行挑治;红叶率达 5% 立即普治。

防治措施

(1) 早春清除棉田周围的杂草,以减少虫源。

(2) 合理安排茬口:在集中棉区,避免在棉红蜘蛛严重的田内套种蚕豆;分散棉区可实行轮作,最好是水旱轮作。

(3) 坚持科学用药,"查、抹、摘、打、追"是防治红蜘蛛的成功经验:"查"就是普查虫情,掌握面上情况;"抹"就是在普查的同时,发现棉叶上有少量虫,用手直接抹死;或随身带一条塑料袋,发现有虫株,即将虫叶摘下,放入袋内,带出地外烧毁或埋掉。"打"是在查找的基础上,用药剂进行挑治,做到发现 1 株打 1 圈,发现一团打一片。"追"即一追到底,将红蜘蛛消灭在点片初发阶段,以减少伏旱来临前的虫口基数。

针对红蜘蛛抗药性,可选择以下药剂:每亩用 5% 噻螨酮乳油 60 毫升,或 1.8% 阿维菌素 20 毫升,或 15% 的扫螨净乳油或虫螨克 1200 倍液。一般情况下只需挑治;如果干旱时间长,气温较高,红蜘蛛数量急剧上升,就是普治。喷雾时要"上打雪花盖顶,下打枯树盘根",叶正、背面均着药液,才能收到良好效果。

(4) 土农药防治:①野艾蒿液。原料:野艾蒿、水。配法:取叶切碎加热水 3 倍,密闭,泡一昼夜,滤渣即可。使用方法:每千克过滤液加 10 千克水喷雾。②皂角液。原料:皂角、水。配法:将 1 千克皂角捣碎,加水 10 千克煮沸半小时以上,过滤去渣即可喷雾。

图 33 对棉红蜘蛛的防治方法之一:摘

九、棉红铃虫

棉红铃虫,棉农朋友叫红花虫、棉花虫、棉花蛆,是一种分布很广的主要害虫。除为害棉花外,还为害蜀葵、红麻、苘麻等。

形态识别 成虫为灰黑色的小蛾子,体长约6.5毫米,翅展约12毫米,前翅尖叶形,有4~5个不规则形的深褐色斑纹,后翅银灰色,缘毛特长。卵长椭圆形,初产时白色,孵化前变成微红色。初孵幼虫乳白色,末龄幼虫头部棕黑色,体背桃红或深红色,长11~13毫米。蛹黄褐色至深褐色,有金属光泽。

为害症状 棉红铃虫以幼虫为害棉花的蕾、花、铃和种子。蕾被害后,造成虫害花,引起蕾、花、幼铃脱落;青铃被害后,铃壳外面出现针头大的虫蛀孔,孔外有黄色小粪粒,导致僵瓣、黄花,致使皮棉产量下降,品质变劣;棉籽受害后,大多失去或降低发芽率。

发生规律 棉红铃虫发生代数，自北向南逐渐增加，湖北一年发生3代，以幼虫在仓库、轧花厂或堆放棉花的墙壁以及枯铃内越冬。第二年4月下旬至5月中旬化蛹羽化，第一代产卵盛期在6月中下旬；第二代在7月下旬至8月上旬；第三代在8月下旬至9月中旬。各代别幼虫发生重叠。

棉红铃虫受温度、降雨量的影响很大，25～32℃是幼虫化蛹的最适温度。成虫在20℃以下或33℃以上，不能顺利产卵，22～31℃范围内，温度越高，产卵越多；温度超过35℃，相对湿度低于60%，成虫都不产卵。低温多雨年份对红铃虫发生不利。

棉红铃虫一二代在靠近棉仓和村庄附近的早发棉田，包括地膜棉、营养钵棉、春花地等发生量大、为害重；迟衰、植株后劲足、秋桃多的棉田三代发生量大。第一二代产卵盛期或化蛹期多雨，对产卵化蛹有抑制作用。

测报办法 湖北防治棉红铃虫一般是挑治第一代，普治第二代，看苗情防治第三代。第一代重点是早发棉田，在6月上中旬，凡是已现蕾、近虫源的棉田，都定为防治对象田，并用药防治。

第二代发生期可用查虫害花的办法，预测第二代用药适期。一般早、中棉田，从7月中旬开始，在棉田固定200株，隔一天观察一次虫害花（棉农朋友叫黑心花、灯笼花），记下每天虫花朵数，直到虫花高峰出现日为止，向后推16～18天，就是田间用药防治第2代的适期。一般年份在7月底至8月初开始用药，早棉田偏早防治，中、迟棉田推迟5～10天。

第三代的防治对象田主要是秋桃多、后劲足的迟棉田，一般年份9月上中旬用药。

防治措施

（1）晒花场防治：在晒花场四周开沟，沟内灌浅水或放稻草，每天清沟一次，杀死幼虫；或放鸡啄食落在地上的幼虫。

（2）处理晒花工具、枯铃及棉籽：收花结束后，将晒花帘子两头1/3米（1尺）左右处放在开水中烫泡5分钟，或用塘泥蘸封，也可用 50% 敌敌畏 100 倍液浸泡。在冬闲时拾尽棉田枯铃；5月底以前，烧不完的棉秆要摘除枯铃作柴烧毁，轧好的棉籽及时进行日晒，使藏在里面的越冬幼虫爬出来，有条件的地方可用溴化甲烷将棉籽集中熏蒸。

(3) 药剂防治：防治方法同棉铃虫。第一代药水要喷透嫩头和花蕾；防第二代将药水要喷在棉株中、下部青铃上；防第三代药水要喷在中、上部青铃上。

十、棉铃虫

棉铃虫，棉农朋友叫钻桃虫、青虫，是棉花蕾铃期的大害虫。以幼虫蛀食蕾铃，造成脱落和烂桃。一条幼虫一生可为害 5 个以上青桃，对产量影响很大。

形态识别 成虫体色变化较大，多为黄褐色。雌蛾前翅红褐色，雄蛾前翅灰绿色，近中央处有一褐色圆环，环内有一深褐色的小点，外缘有 7 个小黑点；后翅灰褐色，外缘有一条棕褐色宽带。卵半球形，直径 0.5 毫米，初产时乳白色，孵化时淡绿色，上有明显的刻纹。各节有毛瘤 12 个，老熟幼虫体长 40 毫米。蛹纺锤形，深褐色。

为害症状 以幼虫为害棉花的嫩尖，稍大后为害花、蕾、青铃等。棉株尖顶和幼嫩茎、叶受害后折断或成缺刻，果枝数目减少，徒长枝和腋芽增加。花蕾和青铃受害，苞叶张开变黄，2~3 天后脱落。受害重的棉铃，可被虫蛀空，或引起病菌侵入而腐烂。

发生规律 棉铃虫在湖北一年发生 5 代，以蛹在土中越冬。4月中下旬越冬蛹羽化，基本上每月发生一代。第二代开始转入棉田为害，一般以第三、四代发生量大，为害重，为主害代。

棉铃虫成虫白天躲在棉叶背面或玉米心叶内，夜晚出来活动。第 2 代卵多产在上部嫩叶的正面，第三、四代卵则产在上部嫩叶及蕾、铃、苞叶上。虫害发生适温为 25~28℃，相对湿度为 70%~90%。凡是干旱少雨，尤其是 6~8 月降雨少，则发生重；反之则轻。植株长势好、现蕾早、蕾铃多的棉田，或者套种在蚕豆、豌豆、小麦、绿肥地的棉花，往往受害较重。

测报办法

（1）查卵量定防治对象田：从棉花现蕾期开始，选生长嫩旺的早棉田2~4块，调查卵粒数，5天查一次，每块田查5点，每点查5~10株，当第二、三代百株卵量20~30粒；第四、五代百株卵量40~60粒，定为防治对象田。

（2）查虫量，看天敌，定施药时间：第二、三代百株有3龄前小幼虫3头以上，天敌（如赤眼蜂、姬蜂、草蛉等）在200头以下；第四、五代百株有小幼虫5头以上，天敌在300头以下；定为施药时间，并立即开始防治。

防治措施

（1）根据棉铃虫有入土化蛹越冬的特点，深耕深翻或与早稻田实行水旱轮作，减少越冬蛹，压低虫口基数，是经济有效的防治措施。

（2）结合整枝、打顶心，打边心，将摘下的残叶、心叶携带出田外沤肥，可消灭大量的虫卵和低龄幼虫。

（3）药剂防治：当百株虫量5头或百株卵量30粒时，用1%甲氨基阿维菌素乳油1500倍液，或用55%快绿扬乳油30~50毫升或2.5%溴氰菊酯乳油20~40毫升兑水50千克喷雾。药液对着棉株上半部群尖，采用"四面打透"的喷雾方法。

十一、棉盲蝽象

为害棉花的盲蝽象有多种，湖北以中黑盲蝽和绿盲蝽为主。除为害棉花外，还为害黄豆、紫云英等多种作物。

形态识别 中黑盲蝽和绿盲蝽的一生都要经过卵、若虫和成虫3个时期，其主要特征区别如下表：

为害症状 两种成虫和若虫，都以针状口器刺吸汁液，并注入唾液，使细胞坏死或畸形生长。出现"破叶疯"和幼蕾变黑脱落，这是棉花受害的两个显著特征。

虫态	中黑盲蝽	绿盲蝽
成虫	体长 6~7 毫米，身体黄褐色，前胸背面中央有 2 个黑色较小的圆点，身体中部黑褐色，前翅末端淡灰白色，触角比身体长。	体长 5 毫米左右，身体绿色，前胸背面有微弱刻点，前翅末端淡褐色，触角比身体短。
卵	淡黄色，长口袋形，约 1.2 毫米长，卵盖上有 1 根丝状附属物，卵盖中央凹陷而平坦，有一块块黑斑，像筛底状。	黄绿色，长口袋形，约 1 毫米长，卵盖乳黄色，中央凹陷，两端较突起，没有附属物。
若虫	初孵化时，身体枯黄色；5 龄若虫身体深绿色，复眼紫色，全身披有微弱的黑色细毛，头或触角赭褐色。	初孵化时，身体绿色，复眼红色；5 龄若虫身体鲜绿色，复眼灰色，全身有微弱的黑色细毛，触角淡黄色，向尖端逐渐变浓。

（1）棉苗受害，顶心生长点变黄褐色到黑色，最后枯焦，不发新芽，剩下两片肥厚的子叶，棉农朋友叫"公棉花"；停止生长约半个月后，在原处长出几个乱叉，棉农朋友称"破头疯"。

（2）嫩叶受害，最初出现黑色小点，被刺破地方的细胞坏死，随着嫩叶生长，黑点处出现不规则的破缝和孔洞，棉农朋友称"破叶疯"。这是绿盲蝽为害的典型症状。

（3）幼蕾、幼铃受害，初生幼蕾受害后变黑呈荞麦粒状，2~3 天干枯脱落；大蕾和 20 天左右的青铃被害，常形成黑点或黑斑，生长畸形，严重的也会脱落。

发生规律 盲蝽象在湖北一年发生 5~6 代。以卵在棉花断枝和枯铃边缘组织内,以及木槿等寄主折断的枯枝条内越冬,来年 4~5 月间孵化,先在蚕豆、胡萝卜留种田、绿肥田为害,并先后迁入棉花苗床和早栽早发棉花为害,6~8 月雨日多,则发生重;一般在雨后或灌溉后,初孵若虫大量增加,为害突然加重。靠近绿肥、蚕豆、胡萝卜等早春寄主的早发棉田,或氮肥使用过多,蕾铃期疯长的田块盲蝽象发生早、为害重。

测报方法 从 5 月下旬至 7 月底,选择生长好,现蕾早和靠近绿肥的棉田 3 块,每块田查 5 点,每点查 20 株,共查 100 株,每隔 3 天查一次。调查应在上午 9 时前结束,仔细查看生长点被害状,即棉花嫩头上出现小黑点,或荞麦粒大的幼蕾变黄发黑。凡新被害株达 10% 以上,百株有成若虫 3~5 头时,立即进行防治。

防治措施

(1) 灭茬除草:收割绿肥时,齐地面收割,不留残茬;翻耕绿肥时,做到全部埋入地下,不露出土面,并注意清除田间残枝和田埂边寄主杂草,减少越冬虫量。

(2) 加强田间管理:棉田及早开好排水沟,降低田间湿度;避免偏施氮肥,防止棉花蕾期生长过旺,减轻受害。

(3) 药剂防治:每亩用 1% 甲氨基阿维菌素乳油 50 毫升,或喷撒 2% 杀螟松粉剂,或 3% 马拉松粉剂,或 1.5% 甲基 1605 粉剂,或 2.5% 亚胺硫磷粉剂 1~1.5 千克;也可结合防治棉铃虫,对盲蝽象起到兼治作用。

十二、棉金刚钻

棉金刚钻棉农朋友叫断头虫、打尖虫。食性较杂,除为害棉花外,还为害向日葵、苘麻、玄参等。

形态识别 金刚钻种类很多,其中为害最大的是鼎点金刚钻,其次是翠纹金刚钻。其主要形态区别如下表。

虫态	鼎点金刚钻	翠纹金刚钻
成虫	身体长 6~8 毫米，黄绿色，前翅基部前缘橙红色，外缘褐色，翅上有 3 个赤色小点，鼎状排列。	身体长 9~13 毫米，草绿色，前翅的前缘和后缘各有 1 白色条斑，中间为翠绿色，呈窄三角形。
幼虫	体淡灰绿色，中胸至第 9 腹节各有 6 个肉瘤。	体赤褐色，仅在中、后胸第 1、7、8 各节有 4 个肉瘤。
卵	鱼篓状，卵顶有一圈小钩，初产时绿色，微带蓝色，孵化前黑色。	翠蓝色，形状同左。
触角	触角等于或短于后足，肛门两侧有 3~4 个突起。	触角与中足等长，肛门两侧有 2~3 个突起。

为害症状　主要为害棉花蕾、铃、嫩尖和嫩茎。小蕾受害，颜色变黑褐色，枯萎脱落；大蕾受害，幼虫从中间蛀入，蛀孔圆形，边缘黄褐色，苞叶张开，自行脱落。青铃受害，导致幼铃脱落，大铃腐烂，幼虫大多从铃的基部蛀入，在蛀孔外部可以看到很多虫粪。棉株嫩尖往往被咬断。

发生规律　金刚钻一年发生 4~5 代，以蛹在棉花残株、枯铃上越冬，来年 5 月上、中旬开始羽化，第一代发生在田外，寄主如冬苋菜、蜀葵植物上；第二代转移到棉田为害幼嫩枝叶，以后各代均在棉田为害幼蕾和花铃。

鼎点金刚钻虫害发生轻重与气候有密切关系，当连续 5 天以上平均气温在 26~30℃，相对湿度在 80% 以上，有利虫害发生；夏季 7、8 月份高温干燥时发生量少。植株生长茂密的棉田或边行受害重。凡现蕾早、前期现蕾多的棉田，金刚钻发生早、为害重。

测报办法 从 6 月中、下旬开始，选择生长旺盛的早播早发棉田 2 块，采取 5 点取样，每点查 10 株，共调查 50 株，当百株棉花有 2～3 株被害时，就应全田喷药防治；7～8 月份每块田查 25 株，当有虫株率达 5% 时，也应进行普治。

防治措施

（1）清除虫源：棉花播种前，及时处理棉柴、铃壳、枯枝落叶，以减少虫源；棉花收获后，及时拔除棉秆，深耕消灭越冬蛹。

（2）农业防治：适时早播，施足基肥；及时打顶心，促使棉花早现蕾，早结铃，早成熟；施肥以基肥为主，追肥为辅，避免偏施或迟施氮肥，控制棉花生长过旺；彻底整枝，及时打旁心，抹掉"疯枝"。

（3）药剂防治：每亩用 20% 速灭菊酯 30 毫升，或 50% 久效磷乳油 50 毫升，或 90% 敌百虫 75 克。选择其中一种农药，加水 75 千克喷雾，一般与棉红铃虫防治结合进行。

十三、棉蓟马

棉蓟马又称烟蓟马、葱蓟马。除为害棉花外，还为害烟草、葱、蒜、瓜类、马铃薯、番茄、白菜等多种作物。

形态识别 蓟马是一种很小的昆虫，成虫体长约 1.1 毫米。体色变化较大，初为浅黄色，后变为淡褐色或深褐色；复眼紫红色；口器为刮吸式；触角 7 节，翅狭长，前翅前半部有脉鬃 4～6 根。卵肾形，黄绿色。若虫体形似成虫，但无翅，身体淡黄色，共分 4 龄，3 龄若虫称前蛹，4 龄若虫称伪蛹。

为害症状 成虫和若虫多集中在棉株嫩头和叶背吸取汁液，棉苗被害后，子叶肥厚，背面出现黄绿色或银白色的小斑点，生长点焦枯，长不出新枝，棉农朋友叫"公棉花"或"无头棉"；有的虽能长出新枝，但生长点分几个叉，棉农朋友称"多头棉"、"散头花"。前者造成缺苗，后者使棉株生育期推迟，结铃少而减产。

发生规律 成虫和若虫在绿肥、油菜和葱、蒜等作物上越冬。

春暖以后，先在寄主作物上繁殖，然后迁到棉苗上为害。凡是靠近越冬寄主或附近杂草多的棉苗，棉蓟马发生重。一般疏松的土壤有利其发生；黏重的土壤不利其发生。早播一熟制棉田又比麦套棉受害重。

棉蓟马适宜发生于较干旱的年份。特别是5~6月温度在25℃以下，相对湿度70%左右，为害常较重；气温超过25%，雨水多，湿度大时，则对蓟马发生不利。故一般年份6月中、下旬以后，棉蓟马危害就显著下降。

图34 雨水多、湿度大时对棉蓟马的发生不利

测报办法 从棉苗出土，子叶未展开时起，选择靠近绿肥、菜地和杂草的棉田以及蚕豆套种棉田各1块，5天调查1次，每块地5点取样，每点查20株，共查100株，凡有虫株达5%以上，或个别棉苗出现被害状的田块，即为防治对象田，立即进行防治。隔7

天后检查效果，如有虫株仍在5%以上时，应再防治。

防治措施

（1）棉花和蔬菜混栽地区，应加强对葱、蒜类蔬菜防治，以降低基数。可用40%乐果乳剂2000~2500倍液喷雾。

（2）结合间苗、定苗，拔除"公棉苗"；定苗后发现有"多头棉"时，应去掉青嫩粗壮的蘖枝，留下较细的带褐色的枝条，使其最后结铃数接近正常棉株。

（3）棉蓟马发生为害时期一般比棉蚜早，棉苗出土后，就应加强调查，及早防治。每亩用3%啶虫脒50毫升，或用40%乐果乳剂2500倍液，或用5%磷胺乳剂50毫升。每亩喷药液60千克。

（4）土农药防治：烟草石灰水。原料：烟叶、生石灰、水。配法：先用少量热水将1千克生石灰化开，倒入40千克清水中，滤渣。再把1千克烟叶撕碎，用10千克开水浸泡加盖，等热水不烫手时，把浸透的烟叶用手揉搓，并不断换水，直到没有烟叶汁流出为止（1千克烟叶可揉出30~40千克烟叶水）。将烟叶水倒入石灰水中即成。然后用烟草石灰水喷雾。

十四、棉叶蝉

棉叶蝉，棉农朋友叫棉叶跳虫、棉浮尘子、蜢子，其食性很杂，除为害棉花外，还为害茄子、烟草、豆类、番茄、红苕、锦葵等作物。

形态识别 成虫像小知了，飞行很低，体长3毫米，黄绿色，前翅淡绿色，末端略透明，头冠部有2黑点，卵长、腰子形，初产时无色透明，近孵化时变为淡绿色。若虫与成虫相似，刚孵化时无色，半透明，头大足长，胸腹部狭小，取食后体色呈淡绿色；走路横行或跳跃。

为害症状 成虫和若虫都在棉叶背面吸取汁液，并将毒素注入叶中。棉叶被害后，先从边缘发黄，渐变成红色，并向中间发展，扩大到主脉附近，最后棉叶变成红黑色而向下卷缩，形成缩叶现象，又叫"缩叶病"；严重时，全田棉叶像火烧一样，甚至叶片变焦黑，干枯脱落。凡是棉花受叶蝉严重为害，都造成棉株果枝瘦小短缩，花蕾大量脱落，棉铃迟熟，影响棉花产量和品质。

发生规律 棉叶蝉在湖北每年可发生10代以上，世代重叠。早春在杂草或其他寄主上繁殖，5月中、下旬开始进入棉田，6月虫量逐渐增加，7~8月为害加重。成虫趋光性很弱，卵多散产在棉株嫩叶背面，以中脉组织为最多。高温少雨的年份有利发生，迟播、偏施氮肥导致棉株贪青的田块发生重，特别是岗地分散棉田及路边、沟边、渠边，以及村前屋后杂草多的棉田，受害往往较重。

测报办法 从6月中旬开始，选择长势好和长势一般棉田各一块，每5天调查1次。每块田查5点，每点查10株，共50株，查每株上部2~4层果枝上的大叶2片，共查100片，检查成虫和若虫数。当百叶虫量上升到100头，或棉叶尖端开始发黄时，发出虫情预报，并立即开展防治。

防治措施

（1）冬季和早春结合积肥，铲除田边杂草，可减轻为害。

（2）合理施肥，不过多施用氮肥；加强棉田管理，促使棉花早发早熟，避开后期为害。

（3）药剂防治：可选用90%晶体敌百虫1200倍液，或25%马拉硫磷乳剂1000倍液，或2.5%溴氰菊酯5000倍液。每亩/次喷药液60~75千克，药液重点喷在棉株上、中部的叶片背面，均匀喷透。也可用10%的蚜虱净或10%的大功臣可湿性粉剂15克兑水50千克喷雾。

十五、棉花其他病虫害

棉轮纹斑病

症状识别 叶片受害，初为淡绿色或淡褐色小圆斑点，后扩大成近圆形褐色斑。有同心轮纹。天气潮湿时，病斑上生有黑色霉层,叶片逐渐枯萎脱落;严重时,棉苗变黑枯死。茎受害出现不规则的黑褐色病斑。病原为真菌半知菌类交链孢属。

防治措施 深翻土壤,消灭病残株,减少菌源;播种前结合预防其他病害进行种子处理;加强田间管理,促使壮苗早发;发病时喷洒1∶1∶100波尔多液。

棉凋枯病

症状识别 棉凋枯病又称棉红叶枯病,是一种生理性病害。得病后,棉株顶端叶片发黄,变成古铜色,而叶脉及其附近仍呈黄绿色;叶质逐渐变厚,皱缩发脆,叶缘下卷,症状由顶端向下,由内向外扩展,逐渐落叶垮秆。拔起病株一般可见根系发育不良,发黄变黑,甚至腐烂。

防治措施 改良土壤,可用塘泥改土;冬季深耕,增施有机肥;播种前施足底肥,6月下旬至7月上旬结合施花肥和桃肥时,增施窑灰、草木灰或氯化钾、硝酸钾等;伏旱期及时抗旱;发病初期用清水粪灌蔸,沟施草木灰,中耕松土,并用2%的过磷酸钙作根外追肥。

棉小造桥虫

形态识别 棉小造桥虫,棉农朋友称量地虫、打躬虫。成虫体长约13毫米,橙黄色,前翅有4条横行的黄褐色波纹;卵蓝绿色,扁圆形;幼虫深绿色或青黄色,第3腹节的腹足消失,仅有腹足3对,尾足1对,爬行时背拱起如搭一座桥,故称"造桥虫";蛹纺锤形,红褐色,有尾刺4根。以幼虫为害棉叶,造成缺刻或孔洞,严重时可将棉叶吃光,仅留下枝秆。

防治措施 在成虫发生期采用杨树枝把进行诱杀;药剂防治可结合其他蕾铃期害虫进行。当百株低龄幼虫达300头,可用90%敌百虫1500倍液,或2%亚胺硫磷乳剂1000倍液,或溴氰菊酯2000倍液喷雾防治。

棉大卷叶虫

形态识别 成虫全身黄白色,体长8~14毫米,触角鞭状,细长,淡黄色,前后翅有许多黑褐色波状纹。卵椭圆形,扁平;末龄幼虫体长25毫米,全体青绿色,各节有稀疏刺毛。以幼虫为害棉叶,把叶片咬成缺刻或孔洞,严重时可将叶片全部吃光;亦为害花蕾和棉铃的苞叶。

防治措施 冬季清除田边杂草、落叶和烂铃,以减少虫源。棉叶最初出现卷叶时,可结合锄草、施肥、整枝等农事活动,用手捏死卷叶中的幼虫和蛹。虫量不大时,一般与其他棉虫兼治;单独施药时,可选用90%敌百虫1500倍液,或50%辛硫磷2000倍液,每亩/次喷药液60~75千克。

第七章　油料作物（油菜、大豆、花生、芝麻）病虫害

一、油菜菌核病

油菜菌核病，农民朋友叫烂杆症、白杆，是油菜的重要病害之一。除为害油菜外，还为害豆类、马铃薯、莴笋、番茄、烟草、花生等多种作物。病原为真菌子囊菌纲核盘菌属。

症状识别　油菜从苗期到成熟期都可发病，但主要发生在终花期以后，茎、叶、花瓣和角果均可受害，以茎受害最重，损失也最大。茎上初呈浅褐色水渍状病斑，后变为灰白色，湿度大时，病部软腐，表面生白色絮状菌丝，茎内变空，皮层纵裂，维管束外露呈纤维状，易折断；剖开病茎可见黑色菌核颗粒，形状像老鼠屎。叶片受害，出现青灰色烫伤状腐烂；湿度高时，病斑上长出白色棉花絮状菌丝。角果受害变成白色，内部可产生黑色小菌核。

发生规律　油菜收获后，菌核大多落入土中，部分留于病茎内或混入种子中，这些菌核经过越夏、越冬，第二年3~4月间发芽，产生子囊盘，释放出子囊孢子。孢子随风传播，发芽侵入茎基部的叶片、叶柄和花瓣。被害花瓣和叶片萎落，黏附在健叶和茎秆上，导致茎、叶相继发病。有病花瓣成为再侵染的主要来源，在病害蔓延中起着很大的传播作用。

低温高湿有利发病。长江流域地区，清明、谷雨之间时常阴雨连绵，此时正值油菜大量落花，所以往往容易流行。油菜连作，地势低洼，排水不良，栽植过密，通风透光性差，施用氮肥过多，油

菜生长过旺，倒伏，均有利于菌核病的发生；油菜开花期与子囊盘形成期的吻合程度对病害轻重的影响极大，二者吻合时间越长，发病越重，反之则轻。

测报办法 按油菜品种，开花早迟，从始花期（20%植株开花）起，以密植、多肥、排水不良、生长旺盛的油菜田为重点，每块田查5点，每点查10~20株，共查50~100株，每隔5天查1次，共查2~3次，检查茎基部和近地面老叶上病斑发生情况，当基部黄老叶上出现病斑的植株达5%~10%时，或茎秆上出现病斑的植株占1%时，立即采取打黄老叶并用药剂防治。

防治措施

（1）选用耐病品种如"中油杂2号"等或选健株留种。

（2）旱地油菜收割后，实行深耕，将遗留田间的菌核翻入土内；增施基、苗肥，早施苔肥使壮苗早发。

（3）播种前先筛去大菌核，然后用15%盐水漂出小菌核和秕粒，最后用清水冲洗，晾干后播种。

（4）摘除病叶、老黄叶，减少再侵染源。长势好的田，在终花前，摘除第一个有效分枝以下的病、黄、老叶，以及其他部位的病叶，病叶可作饲料或沤肥，减轻发病。

（5）药剂防治：40%菌核净可湿性粉剂1000~1500倍液；50%速克灵可湿性粉剂2000倍液；50%扑海因可湿性粉剂1000~1500倍液；30%菌核利（农利灵）可湿性粉剂1000倍液；70%甲基托布津可湿性粉剂1000倍液，或50%多菌灵可湿性粉剂500倍液等，每隔10天喷药一次，共2~3次。

初花期至盛花期用药效果最好。

二、油菜霜霉病

油菜霜霉病，农民朋友叫霜叶，是油菜和其他十字花科蔬菜上常见的病害。病原为真菌藻状菌纲霜霉属。

症状识别 从苗期到成株期都可发生，最主要的特征是在发病部位产生像霜一样的霉层，这就是霜霉病菌。叶片受害，先在叶片正面出现淡绿色的小斑，以后扩大成黄色，因受叶脉限制而形成多角形或不规则形的病斑；空气潮湿时，在病斑的背面长出一层霜霉。此病一般由底叶先发病，逐渐向上蔓延，严重时全株枯黄，最后枯萎脱落。花梗受害后变肥肿，形似"龙头拐杖"，表面光滑，并生有霜状霉层。

发生规律 病菌以菌丝和卵孢子在土壤中和病残体上越夏、越冬。油菜生长期间，卵孢子随雨水溅落叶面，发芽后，从气孔或表皮直接侵入，以后病组织上产生大量孢子囊，又借风雨传播为害。发病最适宜的温度为 16～20℃；高湿有利于病菌的生长和萌发。所以，阴天多雨，或地势低洼，土壤黏重，排水不良时，田间小气候处于高湿状态，发病往往较重。长江流域春季时寒时暖，阴雨日多，昼夜温差大，露水重，有利病害流行。播种过早，气温偏高，不利于油菜生长发育，但有利病害发生。

防治适期与指标 在发病初期，叶片上有白霜样的霉状物出现时即开展普查；当抽薹期或开花期叶病株率达1%，即开始喷药。

防治措施

（1）选用高产抗病品种；一般甘草蓝型油菜比白菜型油菜抗病性强。

（2）加强栽培管理：深沟高厢栽培，防止积水，降低田间湿度；及时间苗，通风透光；剔除病苗；苔花期摘除病叶、老叶、黄叶；后期及时剪除"龙头"，集中烧毁。

（3）药剂防治：40%乙磷铝可湿性粉剂300倍液；75%百菌清可湿性粉剂600倍液；65%代森锌可湿性粉剂500倍液；58%雷多米尔锰锌（甲霜灵锰锌）可湿性粉剂500倍液；72%克露可湿性粉剂800倍液；75%达科宁悬浮剂600～700倍液；47%加瑞农可湿性粉剂800倍液；80%喷克可湿性粉剂600倍液等。每10天左右喷药一次，共2～3次。

（4）土农药防治：用石硫合剂原液加水稀释为0.3～0.5波美度，喷雾防治。

三、油菜白锈病

油菜白锈病,农民朋友称龙头病,是一种在油菜抽薹开花时常见的病害。病原为真菌藻状菌纲白锈属。

症状识别 苗期发病,叶片上初为淡绿色小斑点,尔后在病斑叶背长出稍隆起的白色有光泽的小疱斑。茎秆发病,出现淡黄色的斑点,以后逐渐突起,形成乳白色带油毛的病堆,即孢子囊堆。最后表皮破裂反卷,并散出白色粉状物。幼茎和花轴受害后,肿大弯曲呈"龙头"状,上面着生白色疱斑。受害的叶片,较正常叶片肥厚,也长出白色疱斑,严重时引起叶片枯黄,花瓣受害变肥厚呈绿色,不能结实。一般先从个别花瓣侵染,然后向上下扩展。白锈病"龙头"常与霜霉病"龙头"一起发生。

发生规律 油菜收获后,卵孢子在病残体上或散落在土壤中越夏、越冬。秋季油菜播种出苗后,卵孢子随雨水传播。发病后,病斑上产生孢子囊,借风雨不断传播蔓延。低温高湿条件下有利发病,山区气候条件特别适宜。白锈病菌孢子侵染适温为10℃,春季油菜开花结荚期间,每当寒潮频繁,时冷时暖,阴雨日多,则病害发生严重;氮肥施用过多,或地势低洼,土质黏重,容易积水,以及周围十字花科杂草多或连作油菜田,发病亦重。

防治适期 在油菜抽薹期或始花期初见病斑时喷药。

防治措施
(1)选用抗病良种。
(2)收获后,实行深耕,将病株残余翻入土内。
(3)改进栽培技术,苗期拔除病苗、弱苗。增施腊肥如草木灰等,以便防寒保暖。中耕除草,清沟排渍,降低田间湿度,使油菜生长健壮,增强抗病能力。发现"龙头",随时拔除烧毁。
(4)药剂防治:用药种类及浓度同油菜霜霉病。

四、油菜蚜虫与病毒病

油菜蚜虫对油菜早期全苗、壮苗和后期抽薹、开花、结荚有很大的威胁，又是传播油菜病毒病的媒介害虫。因此，治好蚜虫有双重效果。

形态识别 传播油菜病毒病的蚜虫主要有萝卜蚜和桃赤蚜，在油菜上均以孤雌胎生繁殖，分有翅和无翅两种类型，其主要区别如下表。

	萝卜蚜	桃 蚜
有翅胎生蚜	体长1.6~1.8毫米，体表有一薄层白色蜡质物，头及胸背黑色，腹背第一、二节及腹管下方的第二、三节，各有一条黑色横纹，腹侧斑纹及腹管均为黑色。	体长1.8~2.1毫米，黄绿色或赤褐色。头黑色，额疣显著，并内倾。腹部背面中下方有淡黑色大斑；腹管很长，中后部稍膨大，末端缢缩。
无翅胎生蚜	体长1.7毫米，黄绿色，体背薄敷白色蜡粉；胸、腹分界不明显，腹背各节有暗绿色横纹；两侧各节有1黑斑。	体长约2毫米，绿色至樱红色；腹管同有翅蚜；尾片较尖，绿色、淡红色或黑色；两侧各有长毛3根。

为害症状 菜蚜多在叶背吸食汁液。苗期受害，造成菜苗生长停滞，甚至死亡；开花结荚期，群集在花蕾、花梗间或荚柄上吸汁液，使有花不能结实，有荚种子不能充实。带毒蚜虫在5分钟内可把病毒传给健苗。

白菜型油菜传染上病毒后，早期嫩叶叶脉变黄白色，有透明感，部分叶肉褪绿变黄，另一部分绿色加深，形成黄绿相间的斑纹，叶面凸凹不平，全株矮缩；后期感病，轻的花梗缩短，荚角弯曲,重的花序萎黄,逐渐枯死。甘蓝型油菜传染上病毒后,一般在叶上发生黄褐色枯斑,花轴上发生紫黑色条纹,茎秆上形成黑褐色枯斑。

发生规律 秋季油菜播种时,正是有翅雌蚜迁移扩散期,所以油菜一出苗,就有蚜虫迁入定居、繁殖为害。萝卜蚜潜伏在油菜心叶内越冬;桃蚜躲在油菜贴近土面的菜叶背面越冬。第二年3、4月间油菜开始抽薹,两种蚜聚集到主枝的花蕾内吸取汁液,以后随着分枝扩展为害。

蚜虫是病毒病的主要传播者。油菜全生育期都可感病,但子叶至4叶期最易感病,这段时间恰是蚜虫迁飞期,苗期感染越多,或感病生育期与蚜虫迁飞高峰吻合时间越长,发病越重。蚜虫发生受气候影响较大。温度15~20℃,相对湿度78%以下,最适合蚜虫繁殖和迁飞,晴天微风有利其迁飞;气温低、湿度大、降雨,大风不利于蚜虫繁殖和迁飞。春、秋天气干旱,往往能导致蚜虫大发生。

图35 春、秋天气干旱,往往能导致蚜虫大发生

测报办法

（1）苗期：油菜出苗后，固定苗床一块，每3天1次，每次查5点，根据菜苗大小，每点查10～20株，共查50～100株；移栽大田后，每点查2～5株。当发现10%的菜苗有蚜虫，每株有蚜虫2头时，即开展药剂防治。

（2）抽薹期：当油菜一半以上抽薹高达10厘米时，每块菜地查5点，每点查10～20株，共查50～100株，着重检查孕蕾内菜蚜数量，当10%的孕蕾内有蚜虫，平均每个蕾内蚜虫达3～5头时，即应进行药剂防治。

防治措施

（1）选用抗病品种。

（2）切忌播种过早，并注意不靠近十字花科蔬菜地。

（3）加强苗期栽培管理：疏松土壤；施足基肥；冬旱时，勤灌溉；及时清除田边杂草，培育壮苗，增强植株抵抗力。

（4）用黄板诱杀有翅蚜，或田间用银灰膜驱蚜，间隔铺设，均可起到防蚜治病的效果。

（5）药剂防治：用50%抗蚜威或进口的50%辟蚜雾可湿性粉剂2000倍液、10%吡虫啉可湿性粉剂3000倍液、4.5%高效顺反氯氰菊酯乳油3000倍液喷雾。

五、大豆花叶病

大豆花叶病分布很普遍，以南方产区发病较重。病原为大豆花叶病毒。

症状识别 花叶病的症状因品种而异，在叶片上典型的症状是花叶，沿叶脉两侧出现许多深绿色的泡状突起。叶片皱缩，变小，叶肉变薄；严重时，叶片向叶背反卷。一般在嫩叶上症状明显，而在老叶上则不明显。苗期受害，首先真叶出现明脉，不久变为花叶状，病株节间缩短，植株矮化。病株所结的豆荚发育不良，畸形，粒少而小。

发生规律 病毒可在病株种子上越冬,是次年初发病的来源。花叶病发生程度与品种的抗病性、种子带毒率的高低以及传毒媒介蚜虫的数量关系很大。品种间的抗病性有明显的差异,品种抗病性低,不仅田间病害发生重,而且种子带毒率也高,为来年田间发病提供了大量的毒源。温度和雨量对病毒病的发生影响也大,温度高,降雨量少,对蚜虫的繁殖有利,田间的传毒蚜虫多,花叶病发生重。蚜虫数量越大和出现越早,早期病株就越多,受害就越重,对此病有传染能力的蚜虫约10种,其中以桃蚜和马铃薯蚜虫传染能力最强。

防治措施

(1) 选用无病株留种:病粒比健粒小,可选用粒大饱满的种子作种;也可向无病区换种。

(2) 加强田间管理;拔除早期病苗。

(3) 及时防治蚜虫:用50%抗蚜威可湿性粉剂20～25克,每亩喷药液60千克。

六、大豆霜霉病

大豆霜霉病,农民朋友称白霜病,分布很广泛。在大豆生长后期和多阴雨的年份受害重。病原为真菌藻状菌纲霜霉属。

症状识别 主要为害叶片,豆荚和叶片受害,初期在叶片正面出现不规则的失绿病斑,逐渐扩大为中间黄褐色、边缘深褐色的圆斑;天气潮湿时,叶片背面长有灰色的霉层;严重时,叶片干枯脱落,全株枯死。豆荚受害,外部症状不明显;剥开豆荚,则可见内壁有灰色霉层;病荚所结种子表面粘满一层白霉。

发病规律 病菌以卵孢子在病残叶及种子上越冬,第二年卵孢子随同豆种发芽而萌发,产生游动孢子,侵入子叶下的茎部,然后侵入第一片叶及腋芽,引起系统发病。感病初期,病菌仅在局部组织内发展,引起点发生性病状,以后在病组织上产生大量病菌,借风雨传播进行多次再侵染,症状十分明显。一般6～8月天气多阴雨发病重；温度在 20~24℃ 时，最适宜霜霉病发生。

防治措施

（1）选用抗病品种，或从无病田留种。

（2）清除田间病残株，集中烧毁或深埋，秋后深耕深翻土地。

（3）拌种处理：可用 50% 福美双 0.5 千克拌豆种 100 千克，或用 70% 敌克松，以种子量的 0.3% 剂量进行拌种。

（4）药剂防治：发病初期可喷用 1∶1∶200 的波尔多液；75% 百菌清可湿性粉剂 600 倍液；65% 代森锌可湿性粉剂 500 倍液；58% 雷多米尔锰锌（甲霜灵锰锌）可湿性粉剂 500 倍液；72% 克露可湿性粉剂 800 倍液；75% 达科宁悬浮剂 600~700 倍液；47% 加瑞农可湿性粉剂 800 倍液；80% 喷克可湿性粉剂 600 倍液；80% 大生可湿性粉剂 500 倍液等喷雾。

七、大豆菟丝子

大豆菟丝子，农民朋友叫黄丝藤、无娘藤，是大豆上常见的一种高等寄生植物，在湖北发生很普遍。除为害大豆外，还可为害绿豆、豇豆、马铃薯、亚麻等多种作物。

症状识别 在大豆地里，常会有许多黄丝般的藤子攀在豆秆上，这就是大豆菟丝子。大豆受害后，由于养分被菟丝子吸去，导致茎叶变黄，生长不高，严重时，植株成片被缠死。仔细检查，大豆菟丝子只有茎，没有根，也没有绿色的叶子，茎上的叶子已退化成很小的鳞片。秋天，在茎上结出一串串比绿豆粒稍大的圆果子，果内包有 2~4 粒种子。

发生规律 菟丝子的果子成熟后裂开，种子就落在土壤中，或混在豆种里越冬。第二年大豆播种后，在 6~7 月间大豆生长期，菟丝子萌发出细线般的幼茎，茎端旋转寻找寄主，一旦碰上大豆，就攀住缠绕上去。当初从土里长出来的黄丝渐渐枯萎，完全脱离土壤，全靠上部茎藤寄生，吸取大豆养分。菟丝子伸长能力强，严重时一株菟丝子竟能缠绕上百株大豆。一般 7 月中、下旬为害最重。

田间温湿度与茬口安排都关系到菟丝子的发生，菟丝子种子发芽最适土温为 25~30℃，土壤湿度为 70%~100%。特别是 6、7 月间连续多雨，或土壤黏重，地势低洼，排水不良，田间阴湿，更有利于菟丝子的发生与蔓延。

防治措施

（1）精选豆种：在播种前，筛选或滚选豆种，清除混在内部的菟丝子种子。

（2）轮作：重病田可与玉米、高粱、红苕等轮作 3 年以上。

（3）深耕灭病：播种前进行深耕，把菟丝子种子深埋到 10 厘米以下，抑制其萌发。

（4）拔除病株：7 月上旬前后结合大豆田间管理，发现菟丝子及时拔掉。拔除的菟丝子和病株应集中深埋，或沤肥销毁。

（5）药剂防治：①每亩用 43% 拉索乳剂 250 毫升，或用 30% 敌草胺乳剂 400 毫升，或 96% 敌草胺乳剂 130 毫升，或 50% 五氯酚钠 400 毫升，任选一种药剂，加水 60 千克喷雾，防除效果均达 90% 以上。②在菟丝子开始发生（缠绕 2~3 棵大豆）时，喷撒"鲁保 1 号"菌剂。土法生产的"鲁保 1 号"菌剂，每克含活菌孢子 15 亿左右，每亩用 0.8~1 千克；工业制品每克含孢子 30 亿以上，每亩用 0.3~0.4 千克，均加水 60 千克喷雾。"鲁保 1 号"菌剂是一种能杀死菟丝子的真菌孢子粉，但怕晒，最好在傍晚喷洒；后期防治，喷药前后可用竹竿先将菟丝子挑断，制造伤口，然后喷药，能提高防效。

八、大豆食心虫

大豆食心虫，农民朋友称豆荚虫、豆蛀虫、小红虫等，是一种重要的大豆害虫。以幼虫钻入豆荚食害豆粒，造成大幅度减产和降低品质。

形态识别 成虫是一种暗褐色的小蛾子，体长 5~6 毫米，头黄褐色，触角细长，前翅前缘并列 10 条左右紫黑色短斜纹，外缘内侧有3个纵裂黑点。卵扁平椭圆形,很小,刚产出时乳白色,后变黄色,分散产在嫩尖上。幼虫小时黄白色,长大后鲜红色,体长可达8~9毫米,圆筒形,头、尾较细。蛹红褐色,长约6毫米,外面有白丝茧保护。

为害症状 大豆食心虫以幼虫蛀入豆荚内为害,把豆粒咬成沟槽或残缺不全,甚至全荚豆粒被吃光,荚内充满虫粪。一般一个被害荚内有1头虫,一生中可食一至数粒大豆。

发生规律 大豆食心虫一年发生一代,以老熟幼虫在土下3~6厘米处作茧越冬,来年7月下旬,越冬幼虫移到土表1~3厘米处化蛹。8月下旬后,大豆嫩荚期为初孵幼虫蛀荚盛期。幼虫在荚内约经24天即老熟,9月间从荚内咬一小孔爬出,在豆田土内过冬。蛾子不能远飞,傍晚就在豆地活动,交配,产卵,喜欢把卵产在大嫩荚的毛丛里。一个豆荚上可产卵2~8粒。从卵孵出的幼虫,一般先在豆荚上爬行了3~4小时,找到合适的部位,便吐丝结一个小白茧。虫子在茧内咬破荚皮,钻进豆荚内为害豆粒。

大豆食心虫发生轻重与温度、土壤湿度和大豆品种有很大关系。气温在20~25℃,相对湿度在90%,最有利于成虫产卵。高温干旱不利成虫产卵;土壤干燥,也不利于土中越冬幼虫的化蛹变蛾。因蛾子喜欢选择荚面毛间产卵,所以豆荚上有毛的品种比无毛品种上产卵量多,受害重。晚熟品种,因结荚期正与食心虫发生期吻合,所以比早熟品种受害重。

测报办法 在8月上、中旬蛾子开始发生时,选择长势较好、荚角毛多的豆地2块,每3~5天查1次,在下午4~6时,顺豆行向前进,用竹竿拨动豆株赶蛾,目测成虫起飞数量。如蛾量骤增,出现集团飞翔和见到少数成虫交配时,说明成虫已进入发生盛期。成虫高峰期后7~10天为幼虫入荚盛期,在入荚盛期前2天为防治幼虫适期。

防治措施

(1) 选用抗病品种:用高产、早熟、豆荚毛少的品种。

(2) 结合耕作灭虫:翻耕土壤、改变其生活环境;播种后,

图36 大豆食心虫不能远飞,傍晚就在豆地活动

结合前期(7月下旬以前)中耕除草,破坏土中蛹茧,促其死亡。

(3)药剂防治:防成虫和初孵化幼虫,于下午用50%辛硫磷乳剂1000倍液或20%杀灭菊酯2000倍液喷雾防治;4.5%高效氯氰菊酯1500倍液喷雾防治;或用2.5敌杀死乳油25毫升,每亩喷药液70千克。用敌敌畏熏蒸法,即每亩用80%敌敌畏乳油100~150毫升,用两节长的高粱秸或玉米秆一端去皮浸药,另一端保持原样插在垄台上,每隔4垄插1行,每5米插1根,熏蒸效果较好。

九、花生青枯病

花生青枯病,农民朋友称为发气、吊气。在湖北主要发生在鄂东北,除为害花生外,还为害芝麻、烟草、茄子等作物。病原为细菌假单胞杆菌属。

症状识别 花生从苗期到收获期都能发生本病,以果荚形成前发病最重。开花期症状最明显,常在开花盛期突然萎蔫,先主茎后侧枝,先上部后下部。开始是天晴白天萎蔫,早晚尚能恢复,以后病情扩展,全株自上而下叶片失水凋萎,但叶片似保持绿色,故称青枯病。病株茎部维管束变为黄褐色,切口处可以挤出污白色细菌黏液。拔起病株,主根尖端和病株上的荚果、果柄变褐色,呈湿腐状。

发生规律 病菌主要随病残体在土壤中过冬,成为来年的初次侵染源。病菌从根部伤口或自然孔口侵入,在维管束内繁殖为害。高温多湿是青枯病菌流行的主要因素,以30~35℃最适宜。农民朋友总结为"花期最怕阵头雨"。湖北6~7月是花生开花期,梅雨季节明显,常导致加重为害。另外,施用未腐熟的带病菌肥料,也是传染来源。田间再侵染则靠风雨、流水、农具和人畜耕作活动传播蔓延。土质和管理水平也对本病有影响,粗沙土、瘦地、黏性很强的死黄土,连作地,低洼地,发病往往较重。耕作管理好的地发病较轻;管理粗放的地发病重。

防治措施

(1) 合理轮作:可与小麦、红苕、玉米轮作2~3年;但不能与芝麻、大豆、马铃薯、烟草等轮作。

(2) 加强田间管理:深耕细肥、平整土地,改良土壤,增施磷肥;土层薄的地则增施有机肥、草木灰;及时中耕,开沟排水等,都可减少病害发生。

(3) 清洁田园:田间发现病株,及时拔除烧毁;秋收后,清除病残株,集中烧毁,防止传染。

(4) 改善灌溉条件:在旱坡地花生播种前,或前茬作物种植期间,灌水浸泡10~15天,可促使细菌大量死亡,抑制病害发生。

(5) 药剂防治:72%农用硫酸链霉素可溶性粉剂4000倍液,或50%琥胶肥酸铜可湿性粉剂500倍液等,每株(穴)灌药液0.3~0.5升,隔10天灌药一次,共3~4次。

十、花生黑霉病

花生黑霉病从幼苗到成株期均可感病，以幼苗期为重。病原为真菌半知菌类黑曲霉属。

症状识别 幼苗感病后，起初在靠近表土层的茎秆上出现黄褐色斑，边缘深褐色，病斑扩展很快，表皮纵裂，呈干腐状，最后病部只剩下破碎的纤维组织。花生植株上部枝叶对合，无光泽，叶缘微卷。轻者能重新长出根系，但很少结果；重者全株枯萎而死。典型症状是病株易在根颈部拔断，髓部及维管束变紫褐色。

发生规律 病菌以分生孢子在病残株或种子上越冬。孢子产生芽管从种子脐部侵入；菌丝还能从种子表皮直接侵入。受害重的花生种子，在出土前就腐烂，不能出苗；受害较轻的，出土后病情逐渐加重。在花生生长期间，病斑部位产生的分生孢子可借风传播，再次侵入茎基部为害。高温高湿，土地连作，土壤黏质重以及排水不良，田间积水的地块都有利于加重此病。

防治措施 重点抓好药剂拌种。用50％多菌灵可湿性粉剂，按种子的0.3％拌种效果很好。其他防治措施可参照花生青枯病。

十一、花生根结线虫病

花生根结线虫病，农民朋友称地黄病、矮苗病，是国内植物检疫对象，分布比较广泛。除为害花生外，还为害豆类、白菜、番茄、芝麻、荞麦、烟草等多种作物。病原为垫刃线虫目根结线虫属。

症状识别 主要为害根尖和嫩果壳。苗期根部受害，尖端逐渐膨大，形成小米至绿豆大小的根结，呈不规则形，根结内有线虫幼虫，植株矮缩，叶瘦小发黄；盛花期后，病株明显矮小，根系不断分叉，并连续在尖端长出大小不一的根结，内有线虫的幼虫、成虫和卵，并带有腥臭味，而长在根侧面的圆形固氮根瘤则很少。病株结实少而瘪；果壳上往往有疮痂状的褐色虫瘤，内有雌线虫卵囊。

剖开根结仔细观察，可看到一点一点的乳白色小虫子，身体为梨形，长约 0.4~0.9 毫米，这就是雌线虫；雄虫则像细线一样，头尖尾纯，体长 1~1.5 毫米，躲在土壤内不易见到。

在识别这种病害时，往往容易把根结线虫和花生固氮菌根瘤弄混淆。线虫根结是根部本身的膨大，呈纺锤形或不规则形，根结上还长须根，根结内有梨形白色线虫，地上部茎叶萎缩发黄；而固氮菌根瘤着生在根的侧边，近圆球形，根瘤上没有须根，根瘤内只有淡紫色汁液，同时花生植株上下部都生长正常。

发生规律 雌线虫把卵产在根结里，每头雌虫可产卵 300~500 粒。卵和幼虫在根结和果壳瘤中，随病根、病果壳掉在土中传染，或随落场土以及带虫粪肥传播，流水也可传播蔓延。线虫一年发生 3 代，越冬卵在来年 4 月下旬以后陆续孵化成幼虫，侵入花生或寄主杂草幼根为害。一般在粗沙土、土层深的田块发病较重。干旱少雨的年份，有利于加重病害；雨水充足线虫为害较轻。

防治措施

（1）加强植物检疫：从发病地区调运花生种时，应先在当地剥壳，防止线虫随花生壳传入无病区。

（2）清洁田园：发病较重的花生秸秆和根茬要充分晒干，集中处理；切勿将花生秧带着根子喂牲畜。

（3）发现地内少数病株，随时连根深挖，移到地外处理。

（4）药剂防治：每亩用 3% 米乐尔颗粒剂撒施在地面上或沟施，药效可维持 2~3 年。每亩用药量 4~5 千克。

（5）重病区可与玉米、高粱、谷子等作物轮作 2~3 年。

十二、芝麻枯萎病

芝麻枯萎病在华中芝麻产区发生较普遍，其他地区有零星发生。病原为真菌半知菌类镰刀菌属。

症状识别 芝麻从苗期到成株期都可以发病。苗期发病常形成根腐，全株倒伏枯死。成株期发病，叶片自下而上逐渐萎蔫，最后枯萎脱落，根部半边变为褐色，并顺茎向上伸展；茎部病斑呈长条形，红褐色，潮湿时上面生粉红色霉。横剖病茎，可见维管束变黄褐色。患病果早熟易裂，比健果瘦小，种子干瘪，多在收获前炸裂。

发生规律 病菌主要在种子表面或潜伏在种子内部过冬，并可随病残体长期潜伏土内，在土壤中可腐生多年不死。在芝麻生长季节，病菌从根部或伤口侵入，常集中于导管组织中，使植株运输系统堵塞，导致病株萎蔫枯死。病菌最适温度为30℃。在适温条件下，土壤湿度大，发病重；瘠薄地、连作地发病亦重。

防治措施

（1）选用抗病品种：如湖北的"犀牛角"、"宜阳白"；河南的驻芝1号、2号等品种，均较抗病。

（2）种子处理：选用无病种子，并用0.5%硫酸铜液浸种半小时，或用52~53℃温水处理半小时。

（3）轮作换茬：可与禾谷类作物轮作3年以上。

（4）加强栽培管理：增施有机肥料；注意田园卫生，清除病残株；秋后深耕细肥。

（5）清洁田园：发病较重的花生秸秆和根茬要充分晒干，集中处理；切勿将花生秧带着根子喂牲畜。

（6）发现地内少数病株，随时连根深挖，移到地外处理。

（7）药剂防治：在病窝里用氯化苦进行土壤熏蒸，每平方公尺施药60毫升，效果很好；发病期间用50%多菌灵可湿性粉剂或70%甲基托布津可湿性粉剂1000倍液灌根，每穴每次灌药液250毫升，7~10天灌药一次，共2~3次。

（8）重病区可与玉米、高粱、谷子等作物轮作2~3年。

十三、芝麻青枯病

芝麻青枯病，农民朋友称"煮死"、"芝麻瘟"。在华中、西南和西北部分产区均有发生。除为害芝麻外,还为害花生、马铃薯、番茄、烟草等多种作物。病原为细菌假单胞杆菌属(同花生青枯病)。

症状识别 芝麻青枯病菌侵入植株较早。受害初期,芝麻根尖变褐色,地上植株顶部末梢萎蔫下垂;以后基部出现暗绿色斑块,且逐渐加深变黑,叶片折缩,自上而下渐萎蔫,病株明显矮小,此时根茎维管束已变褐色;茎部内外有菌脓溢出;叶脉呈墨绿色条斑;角果感病后出现水渍状斑块。

发生规律 细菌在种子内部、病残株上及土壤中过冬,来年从根部伤口侵入植株。病菌可借风雨、农具、带菌肥料、人畜操作等进行传播;地下害虫造成根部受伤也有利于病菌侵入。病菌在土中可活数年;土温25~30℃最适宜发病;高温有利于病害扩展;地势低洼、排水不良,或暴雨骤晴,也利于此病发生。

防治措施

(1)选用抗病品种或用无病种子。

(2)清沟排渍,增施有机肥;酸性土壤可撒石灰加以改良。

(3)注意田园卫生,清除病残株,深翻土地。

(4)轮作换茬:可与禾本科作物轮作2~3年。

(5)药剂防治:72%农用硫酸链霉素可溶性粉剂4000倍液,或50%琥胶肥酸铜可湿性粉剂500倍液等,每株(穴)灌药液0.3~0.5升,隔10天灌药一次,共3~4次。

第八章 地下害虫

地下害虫是长时期生活在土壤里的害虫。它们咬食庄稼的幼苗、根、茎和种子，使庄稼缺苗断垅，受害严重的甚至需要毁种重播。农民朋友说："有钱买籽，无钱买苗"；又说"见苗几分收"，这都说明全苗的重要性。但是，地下害虫为害以后，庄稼不能全苗，给农业丰收带来威胁。因此，必须预防地下害虫。

一、小地老虎

地老虎，农民朋友叫土蚕、地蚕、切根虫，其种类很多，分布极普遍。在早春作物上，主要是小地老虎。除为害棉花外，还为害玉米、蔬菜等作物。

形态识别 成虫是中型蛾子，体长17~23毫米，灰褐色，前翅狭长，有一黑色肾形斑、斑外方有一长三角形黑斑，后翅灰白色，翅脉及边缘呈黑褐色。卵馒头形，有纵行棱纹数条，初产淡黄色，孵化前变灰褐色。老熟幼虫身体青黑色，头淡红，体长3.3~5厘米、背上有许多肉瘤组成的纵条状花纹，每个体节有4个毛瘤。蛹红褐色，长18~24毫米，尾端黑色，有刺2根。

为害症状 小地老虎以幼虫为害棉苗、玉米苗和其他作物。3龄前，把叶片吃成小缺孔，有时还咬食未出土的幼芽，或咬刚出土的子叶以及生长点；4龄后，食量大增，在邻近土面处咬断嫩茎，有时把被害苗拖入土下，造成断株缺苗。一条4龄以上的幼虫，在一个晚上平均可以咬断幼苗3~5株，最多可达10株以上，严重影响全苗生长。

发生规律 小地老虎各地发生代数不同，但每年都以第一代幼虫发生量最大，对春播作物为害最重。湖北第一代成虫一般在3~4月份发生，3月下旬进入产卵盛期，4月上、中旬孵化为幼虫。在棉田内，初孵化的幼虫一般先在杂草和其他寄主上取食，棉苗出土后转移到棉苗上面为害，咬断嫩茎；若茎秆已硬化，则爬到上面幼嫩部分，咬断新发嫩杆（为害玉米方式也相同）。幼虫有假死习性，一受惊动就卷曲成团装死。常因食料不足或环境恶化，转移到别处为害。

小地老虎发生轻重，除受当年第一代成虫数量大小影响外，还与气候、地势和耕作情况有关。在小地老虎常发生的低洼潮湿地区，春季少雨，有利于卵的孵化和低龄幼虫成活，往往造成当年第一代虫害大发生；早春气温上升快，温度偏高，一代发生期能提前，为害亦重。低洼、内涝地区，上年秋季雨水多，冬前耕作粗放，杂草多，发生也重。如果在4月上中旬，幼虫发生盛期，雨水多，特别是中雨以上的雨日多，则1、2龄幼虫大量死亡，当年为害可能较轻。

测报办法

（1）查幼虫数量，定防治田块：棉花出苗后，着重调查棉苗的缺孔叶和幼虫数量。每块田查5点，每点查1平方米，当查到有缺孔叶时，即用手扒开下面的浮土，检查样点内的幼虫数。在定苗前，每平方米平均有虫0.5~1头，或定苗后每平方米平均有虫0.1~0.3头的田块，定为防治田块。

（2）查被害株，定用药适期：选幼虫较多棉田2~3块，每3~5天查1次，每块田查5点，每点查30~50株，当作物幼苗心叶被害株率达5%时，立即进行防治；对3龄后（2~3厘米）的幼虫造成为害，一经发现有断苗，立即用药。

防治措施

（1）从春分到清明前后。在小地老虎卵孵化前，结合积肥，铲除地边杂草，减少成虫产卵场所。

（2）人工捕杀：于清晨查看缺苗窝，扒开窝表土，直接捕杀幼虫。

（3）药剂防治：防3龄前幼虫：每亩用2.5%敌百虫粉剂1~1.5千克喷粉；或用90%晶体敌百虫50克，加水75千克，于傍晚喷雾。防4龄后幼虫：用鲜草50千克，切成半寸长左右，加90%晶体敌百虫0.25千克（先用温水溶化后喷拌鲜草），每亩用毒草15千克，分放10个地方；或用90%晶体敌百虫0.5千克，加水13千克，与50千克炒香棉饼粉拌匀，每亩5千克，撒在棉行诱杀，效果显著。

二、蝼蛄

蝼蛄，农民朋友叫土狗子、啦啦蛄。食性很杂，为害多种作物。分布较广泛的主要是非洲蝼蛄。其次是华北蝼蛄。

形态识别

非洲蝼蛄：体长29~31毫米，全身布满细毛。头圆锥形，触角丝状，前胸背板从背面看呈卵圆形，腹部近纺锤形，后足胫节内缘有刺3~4根。卵椭圆形，长约2毫米，初产时黄白色，孵化前暗紫色。若虫暗褐色，腹部纺锤形，后足胫节有刺3~4根。

华北蝼蛄：体长39~45毫米，全身也密布细毛，头呈卵圆形，前胸背板特别发达呈盾形，腹部近圆筒形，后足胫节内缘有1根刺或无刺。卵长约1.7毫米，初产时淡黄色，孵化前深灰色。若虫黄褐色，腹部圆筒形，后足胫节刺0~2根。

为害症状 蝼蛄成虫和若虫均在土中咬食刚发芽的种子，也咬食幼根和嫩茎，把茎秆咬断。或扒成乱麻状，使地上植株枯黄死亡，造成缺苗断垄。此外，蝼蛄还在表土层来往串行，造成纵横隧道，使幼苗根系与土壤分离，导致禾苗因失水干枯而死，特别是谷苗和麦苗最怕蝼蛄串，一串一大片。农民朋友说："不怕蝼蛄咬，就怕蝼蛄跑"，就是指蝼蛄跑串为害庄稼。

发生规律 蝼蛄在长江以北地区一年发生1代。以成虫和若虫在土洞中越冬，3~4月间成虫开始活动。蝼蛄白天藏在土里，夜晚出来寻食。非洲蝼蛄喜温暖潮湿，10厘米以下的土温稳定在15~20℃时，土壤含水量20%~22%，为害最重。温湿度超过或低于上述指标，活动就减弱。腐殖质多的壤土和砂壤土，尤其是碱地和低洼地块，虫害发生较重。

测报方法 春播作物在出苗与定苗后各调查1次；秋播作物在出苗、返青和拔节期各查1次。选有代表性2块地，每块地查10点。小麦、谷子等密植作物，每点查1米行长；玉米、薯类等稀植作物，每点1行查10~20株，根据虫数及被害情况而定。如果地面上有较多的新鲜隧道，或听见蝼蛄叫声，就证明蝼蛄已爬到表土层活动，即可作出防治适期预报，指导当地防治。

防治措施

（1）农业防治：这是防治地下害虫一项经济有效的措施。可结合积肥和农田基本建设，铲除杂草。开垦荒地，以消灭虫源场所；精耕细作。及时中耕除草；合理施肥等，均能减轻其为害。

（2）药剂拌种：用50%甲基1605乳剂0.5千克，兑水50千克，拌麦种500千克，或拌玉米、高粱等种子250千克，拌后闷3~4小时，即可播种；或用40%乐果乳剂1千克，兑水40千克，拌麦种400千克，现拌现用；或用50%辛硫磷1千克，兑水50千克，拌麦种500千克。拌种时须注意安全。

（3）夏季挖窝灭卵：在蝼蛄产卵盛期，田间有许多产卵洞，夏季结合田间锄草，发现洞口后，用锄头往下挖10厘米左右，就可挖到虫卵。

三、蛴螬

蛴螬农民朋友称土蚕、白地蚕，是各种金龟子幼虫的总称；成虫叫金龟子，农民朋友也称钢壳郎、金银虫等。其种类很多，食性极杂，除为害小麦外，还为害玉米、高粱、豆类、薯类等多种作物。

形态识别 成虫像大甲虫，体形从卵圆形到长椭圆形；幼虫身体乳白色，较肥大，多皱纹，有胸足3对，身体向腹面弯曲呈"C"形；卵椭圆形，乳白色。

为害症状 蛴螬终生在土中为害作物地下部分，咬过的伤口较整齐，造成死苗和产量下降，并为病菌侵入植株创造有利条件。

发生规律 湖北以大黑金龟子为主，以成虫或幼虫过冬，来年4月下旬成虫大量出来产卵。5月中旬孵化幼虫，与越冬幼虫一起为害作物，至6月中旬止；6月中下旬化蛹；7月上旬羽化。

蛴螬的活动与土壤温湿度和土质关系较大。春季土温上升后，蛴螬开始在土表活动，平均气温15~20℃时，蛴螬活动最盛。土温24℃以上，它则往深土层中钻。入秋以后土温下降，它又回升土表层，但土温下降到6℃以下，它又钻进深土层越冬。土壤干燥，卵易干死，或者导致初孵幼虫死亡，对成虫的生殖活动能力也有影响。

蛴螬一般在阴雨天气，特别是小雨连绵的气候为害严重。因此，在水浇地、低洼地、或雨量充足的年份里，蛴螬发生较严重。雨量过大或田间积水。对蛴螬不利。此外，土壤黏重、有机质多的田块为害较重。

测报方法

（1）选择常年有代表性的田块，采取棋盘式取样，每块田查10点，每点查0.5平方米，挖土深度为0.3米左右，当每平方米有蛴螬2头，应采取选点挑治；每平方米达3头以上,应进行全面普治；每平方米达5头以上,属于虫害大发生,应采取紧急防治措施。

（2）运用期距法预测：据辽宁等地经验，大黑金龟子成虫出土后10~15天，正是成虫产卵前期，再加3~5天是最好的防治适期。

防治措施

（1）人工捕杀：利用成虫栖息树上和假死性，于傍晚敲打树枝，使成虫落地捕杀。

（2）大黑金龟子多集中在麦地、豆地、坟堆、河边杂草中，

图 37　蛴螬在土温降到6℃以下，就又钻进深土层越冬

可用2.5%敌百虫粉，或90%晶体敌百虫2000倍液，在以上活动场所喷洒。

（3）毒土防治：小麦返青后，发现有蛴螬为害时，每亩用25%敌百虫粉2千克加细土70千克拌匀，在麦行旁开沟，顺沟均匀撒下，然后耙平；玉米地每亩用药25千克，效果较好。

（4）氨水灭虫：用氨水做底肥，或在蛴螬活动为害期，结合施肥灌氨水，均有一定防治效果。

四、金针虫

金针虫农民朋友称黄夹子虫、铁丝虫，成虫又叫叩头虫。幼虫食性很杂，除为害禾谷类作物外，还为害薯类和豆类。

形态识别 金针虫种类较多，湖北发生的有沟金针虫和细胸金针虫两种。

沟金针虫：成虫体长16～17毫米，浓栗色，全身密生黄色细毛；雌虫前胸背板呈半球形隆起。卵椭圆形，长约0.7毫米，乳白色。幼虫体长20～30毫米，黄色，有光泽，体背中央有一纵沟；尾节深褐色，末端有二分叉。蛹开始深绿色，后变褐色，体长15～22毫米。细胸金针虫：成虫体长8～9毫米，暗褐色，密生灰色短毛，并有光泽。前胸背板略带圆形，鞘翅上有9条纵裂刻点。卵圆形，乳白色。幼虫体长约23毫米，淡黄褐色，有光泽，尾节圆锥形，上有两个褐色圆斑和4条纵纹。蛹黄色，体长8～9毫米。

为害症状 主要以幼虫为害，在土壤内咬食作物种子、嫩芽、根及茎的地下部分，减少出苗或使幼苗枯死，造成缺苗断垄；或使幼苗生长不良，造成减产；或钻入块根、块茎为害，不仅降低产量，影响品质，而且蛀孔有利于病菌侵入，导致腐烂。

发生规律 沟金针虫约3年完成1代，以成虫或幼虫在0.33米以下的土层中过冬。来年3月中旬开始活动，幼虫3月下旬为害小麦根部，4月中旬左右为害最重，5月上旬以后，幼虫开始向土层深处移动，土温为21～26℃时停止为害，6月以后进入土壤深层越夏，9月下旬又回到表土层，以后为害秋播麦苗。

沟金针虫的适宜温度在11～16℃，适宜土壤湿度为15%～18%。较能适应干燥，土壤含水量过高则不利于其生活。因此，主要发生于平原旱地、沙性土壤，尤其是沿河两岸的沙土地虫害发生重；黏土地发生较轻。

细胸金针虫的发生规律基本和沟金针虫相同，只不过适宜温度较低（7～10℃）。因此，早春造成为害较重，土温超过17℃则停止为害。它主要发生在水浇地或潮湿低洼的田块；土壤缺乏水分则不为害。土壤有机质含量多或粉砂黏土有利虫害发生。

测报方法 在常年春秋两季发生初期，选择易受害的两块田，每隔5～7天查1次，进行挖土检查。每块地取样5点，每点取样1

平方米,挖土深度为 0.3 米左右。挖土时要分别记载 10 厘米以上和 10 厘米以下的虫数。如果大部分幼虫上升到 10 厘米以上的表土层活动,并发现开始为害,立即发出预报;虫量大时,及时组织防治。

防治措施

(1) 药剂拌种:每亩用 3% 呋喃丹颗粒剂 1~1.5 千克拌种,现拌现播;若因下雨堆闷两天再播也可以;或用以上药剂量于播种前撒在田沟中,然后播种。

(2) 施用毒土:春天小麦返青或其他春播作物发现金针虫为害时,每亩用 25% 敌百虫粉 1.5~2 千克,加细土 75 千克拌匀,在麦垄旁开沟,顺沟均匀撒下,然后耙平。

(3) 肥、药浇灌:施用氨水的地区,在苗期可结合追肥使用,或用 90% 晶体敌百虫 1500 倍液浇灌,均可起到防治作用。

附录1

湖北省主要农作物病虫防治月历表

月份	作物名称	病虫害名称	农药种类和方法
一二月	小麦 油菜	白粉病 蚜虫	用粉锈宁挑治初发病田。 用有机磷与菊酯类农药轮换使用（以下同）。
三月	小麦 玉米 棉花	条锈病 丝黑穗病 蜗牛	用粉锈宁挑治初发病田。 鄂西二高山以上地区，用粉锈宁、消斑灵等拌种防治。 用蜗牛敌毒饵诱杀，或喷施1000倍灭蛙灵防治。
四月	小麦 小麦 小麦 棉花 棉花 玉米 油菜	白粉病 条锈病 赤霉病 小地老虎 苗病 丝黑穗病 菌核病	四月上旬，小麦剑叶期，用粉锈宁喷雾防治。 同上。 四月中、下旬，小麦盛花期，用多菌灵、灭病威等农药喷雾防治。 用菊酯类农药喷雾防治或敌百虫毒饵诱杀。 用利克菌或粉锈宁拌种预防。 丘陵、平原与低山区，用粉锈宁、消斑灵等拌种防治。 用速克灵、灭病威、多菌灵等在盛花期喷雾防治。

续表

月份	作物名称	病虫害名称	农药种类和方法
五月	水稻	二化螟	用杀虫双、杀螟松或BT农药防治枯鞘群。
	水稻	三化螟	用杀虫双、杀螟松或BT农药防治假枯心苗。
	小麦	赤霉病	五月初,多雨年,迟熟小麦增喷一次农药防治。药剂同前。
	小麦	叶锈病	感病品种,重病田,用粉锈宁喷雾防治一次。
	玉米	玉米螟	春玉米用敌百虫或BT制成颗粒,撒入喇叭口。
	棉花	棉蚜	用氧化乐果、百树菊酯等农药喷雾防治(以下同)。
	棉花	苗病	用波尔多液,多菌灵等农药喷雾防治。
六月	水稻	三化螟	六月初,用康宽、杀虫双、稻丰散等喷雾防治早稻枯心苗。
	水稻	纵卷叶螟	用杀虫双或康宽喷雾防治二代纵卷叶螟。
	水稻	白叶枯病	用叶枯宁防治早稻大田初发病株。
	水稻	纹枯病	用井岗霉素、禾穗宁喷雾或毒土防治。
	水稻	稻瘟病	早稻破口期对感病品种用三环唑、灭病威等喷雾防治。中稻叶瘟用富士一号防治。
	玉米	玉米螟	夏玉米撒颗粒剂防治,农药同春玉米。
	棉花	棉蚜	用药同前述。
	棉花	棉红蜘蛛	用克螨特或三氯杀螨醇等喷雾防治。
	棉花	红铃虫	用菊酯类与杀虫脒等交替使用。
	棉花	棉铃虫	同上。
	棉花	盲蝽象	同上。

续表

月份	作物名称	病虫害名称	农药种类和方法
七月	水稻	二代三化螟	七月初,迟熟早稻用杀虫双或康宽防白穗。
	水稻	二代二化螟	七月中旬,中稻防治虫伤株等(用药同前)。
	水稻	稻飞虱	早稻百兜有虫1 500头的田,用毒死蜱、优乐得等防治。
	水稻	纵卷叶螟	七月中旬,用杀虫双或康宽等喷雾防治。
	水稻	白叶枯病	晚稻秧田用叶枯宁喷雾防治两次。
	水稻	纹枯病	中稻田用井岗霉素防治1~2次。
七月	水稻	稻瘟病	鄂西山区、中稻破口期用三环唑,加收热必等防治。
	水稻	穗期病害	杂交稻穗期喷施一次粉锈宁,兼治多种病害。
	玉米	大、小斑病	感病品种,用多菌灵、克瘟散、灭病威等喷雾防治。
	棉花	红蜘蛛	农药同前。
	棉花	伏蚜	农药同前。
	棉花	红铃虫	用上述农药防治二代红铃虫。
	棉花	棉铃虫	用上述农药防治三代棉铃虫,兼治盲蝽象等。

续表

月份	作物名称	病虫害名称	农药种类和方法
八月	水稻	三代三化螟	8月上旬,用前述农药,迟中稻防白穗、早插晚稻防枯心。
	水稻	稻纵卷叶螟	用前述农药防治迟中稻和早双晚大田。
	水稻	褐稻虱	8月初迟中稻每百蔸有1 500头时,用阿克泰、川珊灵等防治。
	水稻	白叶枯病	早插晚稻,用叶枯宁防治初发田。
	水稻	稻瘟病	鄂西山区迟熟田,用三环唑、富士一号等农药防治穗瘟。
	水稻	纹枯病	迟中稻和晚稻一类苗用井岗霉素防治一次。
	棉花	三代红铃虫	农药同前。
	棉花	四代棉铃虫	农药同前。
	棉花	棉叶蝉	用叶蝉散或速灭威等喷雾防治。
	棉花	棉红蜘蛛	迟熟田、三类田,仍须用克螨特农药防治。
九月	水稻	四代三化螟	九月下旬,晚稻未齐穗田,用杀虫双或BT等农药防治。
	水稻	褐稻虱	九月下旬,二晚百蔸有虫1 500~2 000头的田,用叶蝉散、扑虱灵等防治。
	水稻	纵卷叶螟	九月中旬左右,迟发田,生长过盛田,注意用杀虫双、毒死蜱等农药防治。
	水稻	稻瘟病	九月下旬,寒露风明显,晚稻感病品种,用三环唑防治穗瘟。
	小麦	麦病*	高山麦区开始播种,用粉锈宁拌种,防治条锈病,黑穗病等。
	棉花	三代红铃虫	迟熟田,有3个以上成桃,用菊酯类农药等防治。
	油菜	蚜虫	油菜苗床用前述农药防治。

续表

月份	作物名称	病虫害名称	农药种类和方法
十月	水稻	褐稻虱	十月初,迟晚稻田,每百兜有虫2 000头以上,用上述农药防治。
	水稻	小粒菌核病	迟熟、多肥、积水田,用稻瘟净、克瘟散等喷雾防治。
	小麦	麦病*	丘陵、平原及低山麦区,用粉锈宁拌种防治病害。
	小麦	地下害虫	用欧美德、辛硫磷等农药拌种预防。
	油菜	蚜虫	苗床继续防治蚜虫。
十一—十二月	小麦	条锈病	十二月中旬对常发、重病区,用粉锈宁挑治发病中心。
	小麦	白粉病	同上。
	小麦	蚜虫	用欧美德、辛硫磷等农药喷雾防治。
	油菜	蚜虫	用前述农药喷雾防治。

注:*表示麦病有白粉病、条锈病、叶锈病、黑穗病、纹枯病、雪腐病等真菌性病害。

附录 2

病虫害调查的公式

1. 统计发病率或有虫株率:

$$发病率(\%) = \frac{发病数}{调查总数} \times 100$$

2. 统计病情指数(严重度):

$$病情指数 = \frac{(各级病叶数 \times 各级代表值)之和}{调查总叶数 \times 最高级代表值} \times 100$$

3. 统计百株虫量:

$$每百株虫口数 = \frac{总活虫数}{调查总株数} \times 100$$

4. 统计每亩总虫量:

$$亩虫量(以稻兜计算) = \frac{查得总活虫数 \times 每亩田稻兜总数}{调查稻兜数}$$

$$亩虫量(以面积计算) = \frac{查得总活虫数 \times 666\ 平方米}{调查面积(平方米)}$$

5. 统计发育进度的计算:

$$化蛹率(\%) = \frac{活蛹数 + 蛹壳数}{总活虫数(活幼虫、蛹、蛹壳)} \times 100$$

$$羽化率(\%) = \frac{蛹壳数}{总活虫数(活幼虫、蛹、蛹壳)} \times 100$$

6. 统计卵块密度和孵化率的计算:

每块田卵块密度(块/亩) =

$$\frac{查得卵块数 \times 666\ 平方米(或每亩稻兜数)}{调查面积(平方米或稻兜数)}$$

$$\text{全代孵化率}(\%) = \frac{\text{卵块累计孵化总数}}{\text{全代卵块数}} \times 100$$

7. 统计寄生率的计算：

$$\text{寄生率}(\%) = \frac{\text{被寄生的幼虫数} + \text{被寄生的蛹数}}{\text{总虫数}} \times 100$$

8. 统计螟害率的计算：

$$\text{枯心（白穗）率}(\%) = \frac{200 \text{ 蔸稻内的枯心（白穗）数}}{20 \text{ 蔸稻分蘖数（穗数）} \times 10} \times 100$$

$$\text{螟害率}(\%) = \text{枯心率} + (1 + \text{枯心率}) \times \text{白穗率}$$

9. 病情或虫口下降率计算：

$$\text{病情、虫口下降率}(\%) = \frac{\text{用药前病（虫）数} - \text{用药后病（虫）数}}{\text{用药前病（虫）数}} \times 100$$

10. 统计防治效果：

$$\text{防治效果}(\%) = \frac{\text{对照区病（虫）情} - \text{防治区病（虫）情}}{\text{对照区病（虫）情}} \times 100$$

11. 测算产量：

$$\text{增产}(\%) = \left(\frac{\text{防治区产量}}{\text{对照区产量}} - 1 \right) \times 100$$

$$\text{每亩产量（千克）} = \frac{\text{每亩穗数} \times \text{每穗粒数} \times \text{千粒重（克）}}{1000 \text{（克）} \times 1000 \text{（粒）}}$$

附录 3

害虫发育进度百分比查对表

使用说明

为了便于测报员在预测害虫发生期每次工作结束时,很快分析得出结果,节省时间,避免计算差错,根据江苏省的经验,这里编列了害虫发育进度百分比查对表。

三化螟、二化螟等幼虫发育进度检查,每次最低要求剥查活虫在 20 头以上,所以本表以"20"为起点,到"50"为止。计算的每个答数,都只取用小数点后两位数字,小数点后第二位后的数字采取四舍五入。

表中横排第一行数字,代表每次查到的总数,也就是除法中的"除数"。表中左边竖列的第一行数字,代表每次查到的分类数(如各龄幼虫数或各级蛹数),也就是除法中的"被除数"。

例 7 月 5 日剥查两熟制前季稻三化螟化蛹进度,共剥得总活虫数 45 头,其中各龄幼虫总数 26 头,查竖列第一行"26"和横排第一行"45"交叉处的数字是"57.78",就是各龄幼虫占总活虫的百分率,即幼虫率;各级蛹总数 19 头,查竖列第一行"19"和横排第一行"45"交叉处的数字是"42.22",就是各级蛹占总活虫的百分比,即化蛹率。关于各龄幼虫和各级蛹占总活虫百分率的查表方法,与此相同。

百分比查对表

分类数	总数									
	20	21	22	23	24	25	26	27	28	29	30
1	5.00	4.76	4.55	4.35	4.17	4.00	3.85	3.70	3.57	3.45	3.33
2	10.00	9.52	9.09	8.70	8.33	8.00	7.69	7.41	7.14	6.90	6.67
3	15.00	14.29	13.64	13.04	12.50	12.00	11.54	11.11	10.71	10.34	10.00
4	20.00	19.05	18.18	17.39	16.67	16.00	15.38	14.81	14.29	13.79	13.33
5	25.00	23.81	22.73	21.74	20.83	20.00	19.23	18.52	17.86	17.24	16.67
6	30.00	28.57	27.27	26.09	25.00	24.00	23.08	22.22	21.43	20.69	20.00
7	35.00	33.33	31.82	30.43	29.17	28.00	26.92	25.93	25.00	24.14	23.33
8	40.00	38.10	36.36	34.78	33.33	32.00	30.77	29.63	28.57	27.59	26.67
9	45.00	42.86	40.91	39.13	37.50	36.00	34.62	33.33	32.14	31.03	30.00
10	50.00	47.62	45.45	43.48	41.67	40.00	38.46	37.04	35.71	34.48	33.33
11	55.00	52.38	50.00	47.83	45.83	44.00	42.31	40.74	39.29	37.93	36.67
12	60.00	57.14	54.55	52.17	50.00	48.00	46.15	44.44	42.86	41.38	40.00
13	65.00	61.90	59.09	56.52	54.17	52.00	50.00	48.15	46.43	44.83	43.33
14	70.00	66.67	63.64	60.87	58.33	56.00	53.85	51.85	50.00	48.28	46.67
15	75.00	71.43	68.18	65.22	62.50	60.00	57.69	55.56	53.57	51.72	50.00
16	80.00	76.19	72.73	69.57	66.67	64.00	61.54	59.26	57.14	55.17	53.33
17	85.00	80.95	77.27	73.91	70.83	68.00	65.38	62.96	60.71	58.62	56.67
18	90.00	85.71	81.82	78.26	75.00	72.00	69.23	66.67	64.29	62.07	60.00
19	95.00	90.48	86.36	82.61	79.17	76.00	73.08	70.37	67.86	65.52	63.33
20	100.00	95.24	90.91	86.96	83.33	80.00	76.92	74.07	71.43	68.97	66.67
21		100.00	95.45	91.30	87.50	84.00	80.77	77.78	75.00	72.41	70.00
22			100.00	95.65	91.67	88.00	84.62	81.48	78.57	75.86	73.33
23				100.00	95.83	92.00	88.46	85.19	82.14	79.31	76.67
24					100.00	96.00	92.31	88.89	85.71	82.76	80.00
25						100.00	96.15	92.59	89.29	86.21	83.33
26							100.00	96.30	92.86	89.66	86.67
27								100.00	96.43	93.10	90.00
28									100.00	96.55	93.33
29										100.00	96.67
30											100.00

续表

分类数	总数								
	31	32	33	34	35	36	37	38	39	40
1	3.23	3.13	3.03	2.94	2.86	2.78	2.70	2.63	2.56	2.50
2	6.45	6.25	6.06	5.88	5.71	5.56	5.41	5.26	5.13	5.00
3	9.68	9.38	9.09	8.82	8.57	8.33	8.11	7.89	7.69	7.50
4	12.90	12.50	12.12	11.76	11.43	11.11	10.81	10.53	10.26	10.00
5	16.13	15.63	15.15	14.71	14.29	13.89	13.51	13.16	12.82	12.50
6	19.35	18.75	18.18	17.65	17.14	16.67	16.22	15.79	15.38	15.00
7	22.58	21.88	21.21	20.59	20.00	19.44	18.92	18.42	17.95	17.50
8	25.81	25.00	24.24	23.53	22.86	22.22	21.62	21.05	20.51	20.00
9	29.03	28.13	27.27	26.47	25.71	25.00	24.32	23.68	23.08	22.50
10	32.26	31.25	30.30	29.41	28.57	27.78	27.03	26.32	25.64	25.00
11	35.48	34.38	33.33	32.35	31.43	30.56	29.73	28.95	28.21	27.50
12	38.71	37.50	36.36	35.29	34.29	33.33	32.43	31.58	30.77	30.00
13	41.94	40.63	39.39	38.24	37.14	36.11	35.14	34.21	33.33	32.50
14	45.16	43.75	42.42	41.18	40.00	38.89	37.84	36.84	35.90	35.00
15	48.39	46.88	45.45	44.12	42.86	41.67	40.54	39.47	38.46	37.50
16	51.16	50.00	48.48	47.06	45.71	44.44	43.24	42.11	41.03	40.00
17	54.84	53.13	51.52	50.00	48.57	47.22	45.95	44.74	43.59	42.50
18	58.06	56.25	54.55	52.94	51.43	50.00	48.65	47.37	46.15	45.00
19	61.29	59.38	57.58	55.88	54.29	52.78	51.35	50.00	48.72	47.50
20	64.52	62.50	60.61	58.82	57.14	55.56	54.05	52.63	51.28	50.00
21	67.74	65.63	63.64	61.76	60.00	58.33	86.76	55.26	53.85	52.50
22	70.97	68.75	66.67	64.71	62.86	61.11	59.46	57.89	56.41	55.00
23	74.19	71.88	69.70	67.65	65.71	63.89	62.16	60.53	58.97	57.50

续表

分类数	总数								
	31	32	33	34	35	36	37	38	39	40
24	77.42	75.00	72.73	70.59	68.57	66.67	64.86	63.16	61.54	60.00
25	80.65	78.13	75.76	73.53	71.43	69.44	67.57	65.79	64.10	62.50
26	83.87	81.25	78.79	76.47	74.29	72.22	70.27	68.42	66.67	65.00
27	87.10	84.38	81.82	79.41	77.14	75.00	72.97	71.05	69.23	67.50
28	90.32	87.50	84.85	82.35	80.00	77.78	75.08	73.68	71.79	70.00
29	93.55	90.63	87.88	85.29	82.86	80.56	78.38	76.32	74.36	72.50
30	96.77	93.75	90.91	88.24	85.71	83.33	81.08	78.95	76.92	75.00
31	100.00	96.88	93.94	91.18	88.57	86.11	83.78	81.58	79.49	77.50
32		100.00	96.97	94.12	91.43	88.89	86.49	84.21	82.05	80.00
33			100.00	97.06	94.29	91.67	89.19	86.84	84.62	82.50
34				100.00	97.14	94.44	91.89	89.47	87.18	85.00
35					100.00	97.22	94.59	92.11	89.74	87.50
36						100.00	97.30	94.74	92.31	90.00
37							100.00	97.37	94.87	92.50
38								100.00	97.44	95.00
39									100.00	97.50
40										100.00

附录 3 害虫发育进度百分比查对表

续表

分类数	总数									
	41	42	43	44	45	46	47	48	49	50
1	2.44	2.38	2.33	2.27	2.22	2.17	2.13	2.08	2.04	2.00
2	4.88	4.76	4.65	4.55	4.44	4.35	4.26	4.17	4.08	4.00
3	7.32	7.14	6.98	6.82	6.67	6.52	6.38	6.25	6.12	6.00
4	9.76	9.52	9.30	9.09	8.89	8.70	8.51	8.33	8.16	8.00
5	12.20	11.90	11.63	11.36	11.11	10.87	10.64	10.42	10.20	10.00
6	14.63	14.29	13.95	13.64	13.33	13.04	12.77	12.50	12.24	12.00
7	17.07	16.67	16.28	15.91	15.56	15.22	14.89	14.58	14.29	14.00
8	19.51	19.05	18.60	18.18	17.78	17.39	17.02	16.67	16.33	16.00
9	21.95	21.43	20.93	20.45	20.00	19.57	19.15	18.75	18.37	18.00
10	24.39	23.81	23.26	22.73	22.22	21.74	21.28	20.83	20.41	20.00
11	26.83	26.19	25.58	25.00	24.44	23.91	23.40	22.92	22.45	22.00
12	29.27	28.57	27.91	27.27	26.67	26.09	25.53	25.00	24.49	24.00
13	31.71	30.95	30.23	29.55	28.89	28.26	27.66	27.08	26.53	26.00
14	34.15	33.33	32.56	31.82	31.11	30.43	29.79	29.17	28.57	28.00
15	36.59	35.71	34.88	34.09	33.33	32.61	31.91	31.25	30.61	30.00
16	39.02	38.10	37.21	36.36	35.56	34.78	34.04	33.33	32.65	32.00
17	41.46	40.48	39.53	38.64	37.78	36.96	36.17	35.42	34.69	34.00
18	43.90	42.86	41.86	40.91	40.00	39.13	38.30	37.50	36.73	36.00
19	46.34	45.24	44.19	43.18	42.22	41.30	40.43	39.58	38.78	38.00
20	48.78	47.62	46.51	45.45	44.44	43.48	42.55	41.67	40.82	40.00
21	51.22	50.00	48.84	47.73	46.67	45.65	44.68	43.75	42.86	42.00
22	53.66	52.38	51.16	50.00	48.89	47.83	46.81	45.83	44.90	44.00
23	56.10	54.76	53.49	52.27	51.11	50.00	48.94	47.92	46.94	46.00

续表

分类数	总数									
	41	42	43	44	45	46	47	48	49	50
24	58.54	57.14	55.81	54.55	53.33	52.17	51.06	50.00	48.98	48.00
25	60.98	59.52	58.14	56.82	55.56	54.35	53.19	52.08	51.02	50.00
26	63.41	61.90	60.47	59.09	57.78	56.52	55.32	54.17	53.06	52.00
27	65.85	64.29	62.79	61.36	60.00	58.70	57.45	56.25	55.10	54.00
28	68.29	66.67	65.12	63.64	62.22	60.87	59.57	58.33	57.14	56.00
29	70.73	69.05	67.44	65.91	64.44	63.04	61.70	60.24	59.18	58.00
30	73.17	71.43	69.77	68.18	66.67	65.22	63.83	62.50	61.22	60.00
31	75.61	73.81	72.09	70.45	68.89	67.39	65.96	64.58	63.27	62.00
32	78.05	76.19	74.42	72.73	71.11	69.57	68.09	66.67	65.31	64.00
33	80.49	78.57	76.74	75.00	73.33	71.74	70.21	68.75	67.35	66.00
34	82.93	80.95	79.07	77.27	75.56	73.91	72.34	70.83	69.39	68.00
35	85.37	83.33	81.40	79.55	77.78	76.09	74.47	72.92	71.43	70.00
36	87.80	85.71	83.72	81.82	80.00	78.26	76.60	75.00	73.47	72.00
37	90.24	88.10	86.05	84.09	82.22	80.43	78.72	77.08	75.51	74.00
38	92.68	90.48	88.37	86.36	84.44	82.61	80.85	79.17	77.55	76.00
39	95.12	92.86	90.70	88.64	86.67	84.78	82.98	81.25	79.59	78.00
40	97.56	95.24	93.02	90.91	88.89	86.96	85.11	83.33	81.63	80.00
41	100.00	92.62	95.35	93.18	91.11	89.13	87.23	85.42	83.67	82.00
42		100.00	97.67	95.45	93.33	91.30	89.36	87.50	85.71	84.00
43			100.00	97.73	95.56	93.48	91.49	89.58	87.86	86.00
44				100.00	97.78	95.56	93.62	91.67	89.80	88.00
45					100.00	97.83	95.74	93.75	91.84	90.00
46						100.00	97.87	95.83	93.88	92.00
47							100.00	97.92	95.92	94.00
48								100.00	97.96	96.00
49									100.00	98.00
50										100.00

附录 4

农药稀释折算表

稀释农药倍数	25千克水中需加成品农药的重量		稀释农药倍数	25千克水中需加成品农药的重量	
	（两）	克或毫升		（两）	克或毫升
100	5	250	900	0.56	28
150	3.3	165	1000	0.5	25
200	2.5	125	1200	0.4	20
250	2	100	1400	0.36	18
300	1.7	83	1500	0.33	16.5
350	1.4	71	2000	0.25	12.5
450	1.1	56	2500	0.2	10
500	1	50	3000	0.17	8.3
550	0.9	45	4000	0.13	6.5
600	0.8	40	5000	0.1	5
750	0.7	35	6000		4
800	0.6	30	8000		3

注：表中所列"两"和"毫升"的数值都是近似值。

按农村常用水桶每桶装水25千克计算。例如：防治棉花苗病用65%代森锌可湿性粉剂稀释600倍液，每桶水（25千克），需加多少药？查"稀释农药倍数"600，横行结果为0.8两（40克），即每桶水加40克药。

附录 5

有关计量单位换算表

重　量

0.5 公担 = 1 担 = 100 市斤　　1 千克 = 1000 克 = 2 市斤
0.5 公斤 = 1 市斤 = 10 两　　　500 克 = 1 市斤 = 10 两
50 克 = 1 两 = 10 钱　　　　　 5 克 = 1 钱 = 10 分
0.5 克 = 1 分 = 10 厘　　　　　50 毫克 = 1 厘 = 10 毫

容　量

1 升 = 10 合 = 100 勺　　　　　1 分升 = 1 合 = 10 勺
1 厘升 = 1 勺 = 10 撮　　　　　1 毫升 = 1 撮
10 毫升 ≈ 1 药瓶盖 *　　　　　 15 毫升 ≈ 1 敬酒杯 *

长　度

1 米 = 10 分米 = 3 尺　　　　　1 分米 = 10 厘米 = 3 寸
1 厘米 = 10 毫米 = 3 分　　　　1 毫米 = 10 丝米 = 3 厘

注：* 表示为了方便农民朋友用药剂防治病虫，提出此近似值。